Estratégias de
design para embalagens

Blucher

Bill Stewart

Estratégias de **design para embalagens**

Tradução da 2ª edição americana

Volume 5

Tradução
Freddy Van Camp
Designer industrial, Professor da Escola Superior
de Desenho Industrial ESDI/Rio de Janeiro

Título original:
Packaging design strategies

A edição em inglês foi publicada
pela Pira International Ltd

Blucher

Edgard Blücher *Publisher*
Eduardo Blücher *Editor*
Rosemeire Carlos Pinto *Editor de Desenvolvimento*

Freddy Van Camp *Tradutor*
Fabio Mestriner *Revisor Técnico*
Henrique Toma *Revisor Técnico*

Adair Rangel de Oliveira Junior *Revisor Técnico Quattor*
Danielle Lauzem Santana *Revisora Técnica Quattor*
Yuzi Shudo *Revisor Técnico Quattor*
Marcus Vinicius Trisotto *Revisor Técnico Quattor*
Martin David Rangel Clemesha *Revisor Técnico Quattor*
Selma Barbosa Jaconis *Revisora Técnica Quattor*

Know-how Editorial *Editoração*
Marcos Soel *Revisão gramatical*
Lara Vollmer *Capa*

Segundo Novo Acordo Ortográfico, conforme 5. ed. do Vocabulário Ortográfico da Língua Portuguesa, Academia Brasileira de Letras, março de 2009.

Rua Pedroso Alvarenga, 1245, 4º andar
04531-012 - São Paulo - SP - Brasil
Tel 55 11 3078-5366
editora@blucher.com.br
www.blucher.com.br

Dados Internacionais de Catalogação na Publicação
(Câmara Brasleira do Livro, SP, Brasil)

Stewart, Bill
Estratégias de design para embalagens / Bill Stewart ; tradução da segunda edição americana : Freddy Van Camp. São Paulo : Editora Blucher, 2010.

Título original: Packaging design strategies.

ISBN 978-85-212-0443-5

1. Design 2. Embalagens I. Título.

08-6308 CDD-658.564

Índice para catálogo sistemático:
1. Design de embalagem: Administração 658.564
2. Embalagens: Design: Administração 658.564

A grande finalidade do conhecimento
não é conhecer, mas agir.

Thomas H. Huxley

Dedicamos o resultado deste trabalho a toda a cadeia produtiva
de embalagens: fornecedores de matéria-prima, indústria,
transporte e fornecedores de embalagens, indústria gráfica
e usuários, que, a partir desta experiência, contarão com
mais subsídios para usufruto e inovação na produção
e no consumo das embalagens.

Agradecemos a todos que se envolveram no processo de pesquisa
e desenvolvimento da Coleção Quattor, em especial as empresas
Editora e Gráfica Salesianas, Editora Blucher,
Gráfica Printon, Vitopel, EBR Papéis,
Know-How Editorial e Gráfica Ideal.

Agradecemos em especial a dedicação incondicional
de Roberto Ribeiro, Andre Luis Gimenez Giglio, Armando Bighetti e
Gustavo Sampaio de Souza (Quattor), Sinclair Fittipaldi (Lyondell Basell),
José Ricardo Roriz Coelho (Vitopel), Marcelo Trovo (Salesianas),
Renato Pilon (Antilhas), Celso Armentano e
Gerson Guimarães (SunChemical do Brasil),
Fabio Mestriner (ESPM), Douglas Bello (Vitopel),
Sr. Luiz Fernando Guedes (Printon),
Sr. Renato Caprini (Gráfica Ideal),
e aos editores Eduardo Blucher e
Rosemeire Carlos Pinto (Editora Blucher).

prefácio da **edição brasileira**

Imagine a sua vida sem as embalagens: todos os produtos vendidos a granel, expostos em prateleiras e sem identificação do fabricante ou data de validade.

Impossível? Certamente. Pela relação vantajosa mútua, produto e embalagem assumiram uma relação de simbiose. Arriscamo-nos a dizer que a quase totalidade de transações comerciais atuais não ocorreria sem a presença das embalagens e sem o seu constante aperfeiçoamento. Os prejuízos seriam incontáveis, não somente do ponto de vista financeiro mas também da saúde pública e da conveniência e conforto para nossas vidas.

É longa e criativa a trajetória humana no campo das embalagens. Das demandas iniciais até a sofisticação atual, voltada ao atendimento dos setores comercial e de transporte de produtos, contam-se mais de 200 anos. Da primeira folha vegetal *in natura* e das caixas de madeira, passando por artísticos potes de cerâmica, latas e vidros de alimentos, até a profusão de materiais empregados atualmente, inclusive com apoio da nanotecnologia, muito se experimentou e se descobriu. Um dos mais bem-sucedidos exemplos dessa trajetória diz respeito às embalagens plásticas, que vêm revolucionando e contribuindo para a geração de valor das diversas cadeias em que estão presentes, proporcionando mais segurança aos usuários, além de aumento do *shelf-life*.

Pesquisas brasileiras indicam que 85% das escolhas do consumidor são feitas no ponto de venda, apoiadas no binômio marca-fabricante, mas de forma associada a outro: design–apelo visual, características facilmente alcançadas quando a embalagem incorpora a nobreza do plástico. Da mesma forma que o plástico influencia a decisão de compra, influenciou a Quattor a celebrar esta parceria com a Editora Blucher, para trazer ao mercado a Coleção Quattor Embalagens que, além disso, cumpre o importante papel de minimizar a lacuna bibliográfica brasileira sobre o tema.

A Coleção Quattor Embalagens é formada por cinco volumes: *Embalagens flexíveis*, *Nanotecnologia em embalagens*, *Materiais para embalagens, Estudo de embalagens para o varejo* e *Estratégias de design para embalagens*. O leitor ou o pesquisador interessado está na iminência de iniciar uma verdadeira viagem por um dos mais importantes setores da economia mundial.

Bem-vindo ao mundo da Nova Geração da Petroquímica: o melhor em matérias-primas para produção de embalagens, o melhor em informação para produção de conhecimento.

Marco Antonio Quirino
Vice-Presidente Polietilenos

Armando Bighetti
Vice-Presidente Polipropilenos

A NOVA GERAÇÃO DA PETROQUÍMICA

apresentação

O design é um fator decisivo no novo cenário competitivo. Ele agrega valor e significado ao produto, tornando-o mais valioso e desejado.

Estudos desenvolvidos pela neurociência recentemente descobriram que o cérebro "não trabalha com informação, mas com significados". Essa constatação nos leva a compreender melhor por que a embalagem é tão importante: é ela que transforma o que antes era um conjunto de ingredientes e componentes processados em uma entidade cheia de significados.

O Comitê de Estudos Estratégicos da ABRE realizou pesquisas com o consumidor, as quais demonstraram que a grande importância atribuída à embalagem deve-se ao fato de ele não separar a embalagem do seu conteúdo. Para o consumidor, os dois constituem uma unidade indivisível. Pesquisas desse mesmo Comitê, realizadas com os supermercadistas, revelaram que, para esses profissionais que conhecem como ninguém os rituais do consumo, "embalagem é tudo!".

Quando o consumidor diz que a embalagem e o produto são uma "coisa" só, e os profissionais que mais entendem de consumo afirmam que a embalagem é tudo, não temos motivos para duvidar de tal afirmação, principalmente sabendo que a embalagem é também o representante da marca presente no momento mágico em que o consumidor vivencia a experiência com o produto.

Por tudo isso, é com grande satisfação que recebemos esta obra de referência produzida pelo Pira, uma das principais instituições de estudo dedicadas à embalagem no mundo. O conteúdo deste livro sem dúvida ajudará a compreender melhor a necessidade de o pensamento estratégico ser aplicado a um tema de tamanha importância para a empresa moderna.

Assim, por sua importância capital nos dias de hoje, o design, e mais especificamente o design de embalagem, precisa ser estudado com mais profundidade e também ser revestido de um caráter estratégico capaz de contribuir para a otimização do desempenho do produto no mercado.

Sabemos que mais de 90% dos produtos expostos em um supermercado não dispõem de apoio de marketing, promoção ou propaganda, dependendo, única e exclusivamente, da embalagem para competir. Por isso, utilizar esse recurso em todo o seu potencial é, hoje, uma questão vital para a maioria das empresas, especialmente as de menor porte.

Conheço este livro desde 2004, pois ele integra a relação de referências bibliográficas do meu segundo livro. Seu conteúdo é muito consistente e objetivo, desenvolvendo o conceito da utilização do design como componente estratégico na concepção da embalagem, o que nos leva a compreender melhor as possibilidades de aplicação dessa poderosa ferramenta de marketing.

Explorar todo o potencial que a embalagem pode oferecer ao produto e à marca do fabricante é um desafio que se apresenta aos profissionais responsáveis por conduzir seus produtos em um mercado cada vez mais competitivo, no qual haverá, no futuro, apenas dois tipos de empresa: as que utilizam o design estratégico em suas embalagens e as que ficaram para trás.

A importância da Coleção Quattor Embalagem, lançada pela Editora Blucher, está em fornecer aos profissionais brasileiros da área de embalagem o que hoje existe de melhor em pensamento e em estudo nesse setor. Por isso, quero expressar minha satisfação em apresentar esta obra, com a certeza de que ela contribuirá, de forma decisiva, para aprofundar entre nós o conceito do pensamento estratégico aplicado ao design de embalagem.

Fabio Mestriner
Professor-coordenador do Núcleo de Estudos da Embalagem da Escola Superior de Propaganda e Marketing (ESPM) e professor do Curso de Pós-graduação em Engenharia de Embalagem da Escola de Tecnologia Mauá.

conteúdo

lista de **figuras**

lista de **tabelas**

abreviações e **acrônimos**

ACV	análise de ciclo de vida
DYD	faça você mesmo
EPS	poliestireno expandido
FMCG	bens de consumo rápido pelo consumidor
PEAD	polietileno de alta densidade
PEBD	polietileno de baixa densidade
PET	poli(etileno tereftalato)
PP	polipropileno
PS	poliestireno
PVC	poli(cloreto de vinila)
PRN	notas de recuperação de embalagem
RFID	identificação por radiofrequência
SAL	rótulos inteligentes ativos
TTI	indicadores de tempo-temperatura

1

design de embalagens: **os fundamentos**

Design de embalagens

Como na religião, política e educação, todo mundo tem uma opinião sobre design e em particular sobre design de embalagens. Embalagem se tornou uma experiência diária para a maioria de nós, e como consumidores temos que aceitar que a maioria dos produtos que compramos será pré-embalada. É frequente que o aspecto negativo da embalagem é o que terá maior publicidade. É visto como lixo nas ruas, um inconveniente nas latas de lixo e muitas vezes surpreendentemente difícil de abrir.Tudo isto é verdade, mas embalagem nos expandem a escolha, preservam produtos e mantêm a higiene. Em verdade, ela faz mais do que isto, mas para entender seu potencial temos que olhar um pouco para trás.

No final da Segunda Guerra Mundial, em 1945 a Grã-Bretanha estava virtualmente falida. A nação sobreviveu, mas o legado do conflito se estenderia por anos. Os bens estavam sob racionamento e muitos estavam em falta. Havia uma escassez de mão de obra e quando a idade de sair da escola foi aumentada para 15 anos houve escassez aguda de pessoal jovem e barato. A indústria do varejo de bens olhava para os EUA como inspiração, o único país cuja economia tinha se beneficiado com a guerra. Lá o "self-service" (autosserviço), estabelecido em 1916 e flutuante durante os anos 30, se mostrou um modelo eficiente para a falta de mão de obra da Grã-Bretanha. As primeiras lojas a se converter ao autosserviço na Grã-Bretanha se estabeleceram em 1947, mas logo o abandonaram assim que tiveram que lidar com os problemas logísticos de manipular os cupons e livros de racionamento.

Somente em maio de 1950 cessou o racionamento para a maioria dos produtos (açúcar e doces continuaram a ser racionados até 1953). Sainsbury's abriu sua primeira loja de autosserviço em 1950, que era completa, inclusive com folhetos esclarecendo o que se esperava que os clientes fizessem. Enquanto os comerciantes individuais sofriam, os prêmios reais iam para os varejistas múltiplos, Tesco, Sainsbury's, Co-Op e Marks & Spencers. Todas estas empresas foram formadas muito antes da guerra, mas suas atividades foram efetivamente congeladas durante a guerra. Agora adotaram o autosserviço sabendo que seu poder de compra conseguiria significante economia de escala. Em 1960 o autosserviço se tornou um método de compras firmemente estabelecido. As condições do mercado estavam mudando rapidamente também. A austeridade pós-guerra foi substituída por uma economia em expansão e de pleno emprego. Muitas mulheres trabalhavam e tinham menos tempo livre para compras. Tecnologia tinha provido refrigeradores e freezers abrindo a possibilidade de compras semanais em vez de diárias. A propriedade de veículos cresceu de forma dramática, promovendo a perspectiva de compras no atacado em intervalos maiores.

No supermercado era a embalagem que fazia agora o papel da venda, secundada pela publicidade e, em particular pela televisão comercial, ainda uma novidade na Grã-Bretanha, acostumada ao rádio e à TV estatal. Como ainda é o caso, a liderança vem dos EUA, onde a televisão e o rádio eram baseados no comércio desde o seu começo. As disciplinas de marketing, varejo e design de embalagem originadas nos EUA foram introduzidas na Europa por meio de companhias americanas que estabeleceram operações de manufatura naquele lado do Atlântico. É talvez pouco surpreendente que a Grã-Bretanha, tendo ligações históricas com os EUA e sem barreiras de língua, tenha formado o núcleo deste novo acesso. Realmente, os anos 1960 eram um tempo em que a Grã-Bretanha estava adotando a cultura e os métodos americanos. Empresas como a Procter & Gamble, Black & Decker, 3M, Safeway, todas estabeleceram fábricas lá, ainda hoje atuam em peso em suas vidas. Empregavam-se nestas empresas designers, pessoal de varejo e marketing com um objetivo preciso de fazer e vender produtos visando o consumidor. As primeiras consultorias em design de embalagens da Europa foram estabelecidas na Grã-Bretanha nesta época como filiais das consultorias americanas ou como empresas independentes a serviço de corporações americanas trabalhando na Europa.

Em 1971 as lojas múltiplas tinham conquistado 44% das vendas de varejo. Os lucros oriundos do tamanho sempre maior e dos custos decrescentes de pessoal impulsionaram o crescimento e logo as múltiplas construíam supermercados maiores e fechavam as lojas menores. Em 1995 as múltiplas controlavam cerca de 80% do setor de varejo. Neste período, os fabricantes de produtos foram forçados a responder, também formando grupos maiores, a fim de conseguir a economia de escala demandada pelos "varejistas múltiplos". Marcas estabelecidas frequentemente como negócios de família foram incorporadas a organizações maiores. Para os fabricantes, as marcas se tornaram o negócio, e a publicidade e o design de embalagens, as ferramentas para promovê-lo. Por outro lado, os varejistas múltiplos expandiram seus produtos de marca própria, oferecendo alternativas mais baratas aos produtos de marcas tradicionais dos consórcios mais conhecidos. Agora os varejistas estão introduzindo novos produtos, incluindo linhas de preços prêmio, expandindo suas operações para o vestuário, financiamento, combustível, serviços de internet, utilidades, serviços de turismo, telecomunicação, serviços de saúde, esportes e venda de veículos.

Se a perspectiva histórica nos tiver dado apenas uma lição importante, esta é o fato de que marcas de sucesso e varejistas de sucesso entendem o comportamento do consumidor e adaptam sua oferta ao comportamento do consumidor. Este é um conceito-chave para o design de embalagem. A relação entre design e mercado é agora mais forte do que em qualquer outra época, na relativamente nova história do design de embalagem, e deve ser o foco da atividade do design. A relação entre o design de embalagem, varejistas, donos de marcas e fabricantes de embalagem está ilustrada na Figura 1-1.

Figura 1-1
As relações do design de embalagens

Fonte: Pira International Ltd

Há quatro áreas de foco, uma dependente da outra. A relação mais significativa é a entre as marcas e os varejistas. Estes são os grupos mais poderosos. Os fabricantes de embalagem fornecem tradicionalmente para os fabricantes de produtos e também fornecem diretamente para os varejistas. O design de embalagem é mostrado em relação a todos os outros grupos. Em volta deste núcleo estão outros elementos-chave que afetam a forma como o núcleo deve gerir o negócio.

Os fundamentos

No nível mais básico, a embalagem deve preencher três funções primárias:

- conter;
- proteger;
- identificar.

Mesmo que isto soe óbvio e primário, muitas embalagens falham em pelo menos uma destas áreas. A Figura 1-2 mostra como estas funções são definidas. Para conter o produto, o que estamos realmente tentando é a integridade, de forma que o produto não vaze, caia fora ou desfaça a unidade com a embalagem antes de quando deve. Isto deve ocorrer durante o ciclo de vida do produto, da produção até o uso final. A função do conter deve se estender muito além da abertura inicial da embalagem; por exemplo, uma caixa de CD precisa funcionar repetidamente por um longo período de tempo.

Proteger o produto é claramente uma importante função da embalagem, e para alguns produtos é a função dominante. Danos a produtos como resultado do transporte e do manejo aparecem com maior frequência neste contexto, mas produtos necessitam ser protegidos de umidade, de gases, odores, radiação, luz, temperatura e infestação. A escolha da embalagem será dependente da natureza do produto, sua forma de distribuição, o tipo de percalços que possa encontrar e sua severidade.

Figura **1-2**
Os fundamentos da embalagem

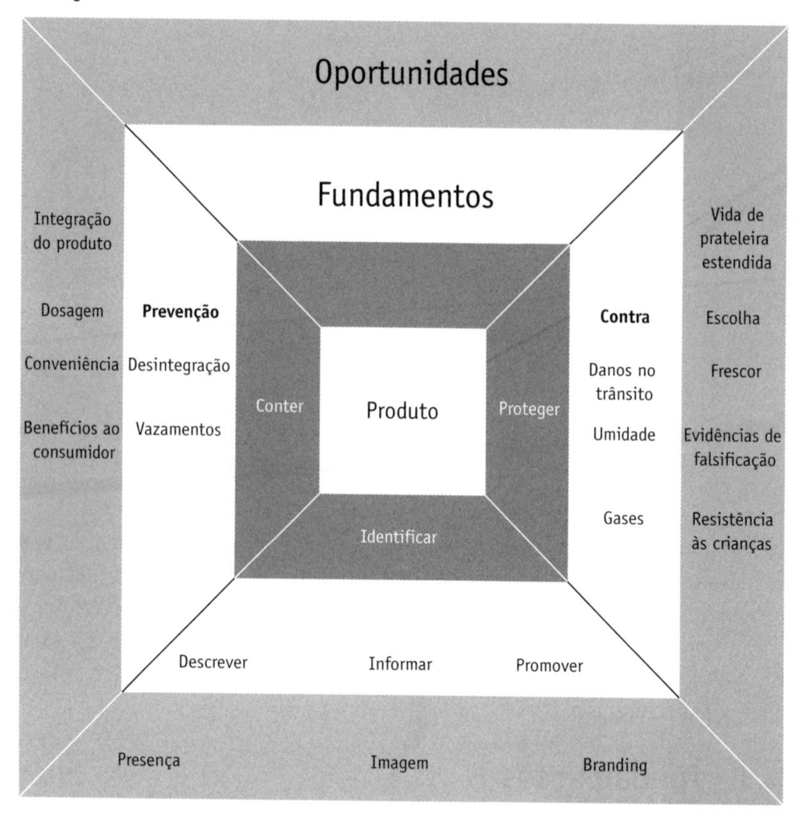

Fonte: Pira International Ltd

A terceira função primária é a identificação do produto. Para alguns produtos isto pode ser simplesmente a descrição do conteúdo. Na maioria dos casos, há informações adicionais sobre o uso do produto e eventualmente algum texto por exigência legal. No mercado de produtos de consumo, a identificação inevitavelmente se refere ao branding e à diferenciação perante os produtos concorrentes.

Estes três requisitos fundamentais têm que ter seu custo certo e sempre com impacto mínimo ao meio ambiente.

Tendo se determinado o que a embalagem deve atingir, devemos agora considerar o que a embalagem pode atingir, e é aí que os designers exercem a sua criatividade. Eles se movem do que é essencial para o que é desejável, explorando as possibilidades que a embalagem pode prover. Algumas ideias podem vir de novas tecnologias; muitas resultarão de pensamento inovador. Porém, são os mercados em mutação que em última análise conduzirão os desenvolvimentos da embalagem, além da identificação das necessidades do consumidor e dos benefícios ao consumidor.

Contenção pode ser estendida ao servir; por exemplo, um tubo de pasta de dentes não apenas contém a pasta mas a serve também. A forma como ela o faz é parte da experiência do consumidor e influenciará a escolha do consumidor na seleção de produtos e marcas. A eficiência em servir da embalagem está ligada ao seu sucesso ou fracasso de sua marca. Em alguns casos, a relação entre a embalagem e o produto é tão forte que um não pode existir sem o outro. Os doentes de asma ou qualquer um que use um inalador apreciam um sistema de embalagens que proveja a dosagem requerida na forma mais apropriada. O remédio é embalado em um aerossol com uma válvula de dosagem. Isto se encaixa em um *dispenser* de mão, formando uma unidade integrada. A embalagem se tornou parte da funcionalidade do produto.

A função de contenção da embalagem continua a se estender em diversas áreas onde o produto e a funcionalidade são diretamente dependentes. Refeições prontas para o micro-ondas são um exemplo. Aqui a embalagem tem uma função de cozinhar enquanto contém o produto. Em alguns casos a embalagem tem elementos suscetíveis ao calor que, ficando quentes respondendo à energia do micro-ondas, efetivamente douram ou deixam o alimento crocante. Aqui a embalagem e o produto têm uma ligação intrínseca até que o cozimento tenha terminado.

A função proteção pode ser expandida para prover maiores níveis de escolha por meio da preservação do produto e dá uma vida de prateleira estendida. Produtos frescos podem ser preservados de diversas formas com o objetivo de estender sua vida útil. Porém, antes da embalagem não havia tantas formas assim de se preservar alimentos. Três das mais frequentes eram conservação em salmoura, defumar e fabricar geleia. Elas permitiam que a produção sazonal fosse consumida em qualquer época do ano. A embalagem ocupou em grande parte esta função, protegendo produtos da degradação e estendendo a escolha a níveis sem precedentes. Mesmo que proteger produtos contra danos físicos continue um requisito fundamental da embalagem, há muitas escolhas de design e de materiais a serem feitas.

A expansão da identificação como uma função é provavelmente a área mais significativa do design de embalagem. Ela se modificou de uma simples identificação do produto para a criação de uma imagem de branding e de comunicação de forma interessante e poderosa. Para produtos de varejo, a comunicação mais importante se situa no ponto de venda. Compradores potenciais fazem escolhas baseadas em uma gama complexa de critérios que pode incluir:

- marca;
- categoria de produtos;
- variedade de produtos;
- tamanho, quantidade ou volume do produto;
- preço ou valor pelo dinheiro;
- experimentar algo diferente, só para mudar;
- influência da publicidade;
- experiência prévia com produtos ou marcas.

Todos estes são colocados em uma linha do tempo que pode requerer decisões rápidas, ou, se o tempo não fizer diferença, isto pode encorajar o titubear, fazendo-se comparações de produtos. Em qualquer dos casos, a decisão de compra será parte analítica e parte emocional (Figura 1-3).

Figura **1-3**
A decisão de compra é parte analítica e parte emocional

Fonte: Pira International Ltd

Todos sabemos o valor de preparar uma lista antes de ir às compras. Isto não apenas inclui nossas necessidades imediatas, mas efetivamente elimina a tomada de decisão do ambiente da loja. A lista é preparada para auxiliar na rapidez da compra, mas também nos atém ao nosso orçamento fazendo-nos resistir a itens de que realmente não precisamos. O próprio processo de elaborar a lista exercita nosso pensamento analítico e suprime nosso pensamento emocional. A lista passa ser nosso guia quando estamos no ambiente de venda e tentamos navegar por entre as gôndolas em um processo mais ou menos racional com poucos desvios.

Mesmo com uma lista há sempre decisões a tomar. Pode ser que precisamos de molho Worcester, por exemplo. Necessitamos do original Lea & Perrins ou a marca da casa, ao seu lado, serve? Agora, a decisão se move do lado analítico para o emocional. A escolha pode ser influenciada pela embalagem que nos está comunicando e evocando uma resposta emocional. A comunicação da embalagem pode ser "original e melhor", "tão bom quanto e mais barato" ou então "novo e diferente". A habilidade do design de embalagem em iniciar um diálogo emocional com o cliente potencial é o que influencia a decisão de compra. Este é o seu poder. Agora temos que entender como usá-lo.

Comunicação em ponto de venda, não importa quão importante, não é o fim da história. A maioria dos produtos de casa são utilizados por um período de tempo em que serão manipulados repetidamente e colocados em armários, refrigeradores ou prateleiras. Eles passam a ser parte da experiência do consumidor e por isto continuam a exercer sua influência sobre decisões futuras de compra. A forma como o produto é servido, se a embalagem abre e fecha com eficiência, a forma como se acomoda na geladeira, todas estas qualidades proporcionam um *feedback* emocional e às vezes inconsciente, reforçando os valores de uma marca e enfatizando eficiência do produto. Isto também é verdade para compras feitas pela internet em que o produto, quando entregue, proporciona uma experiência positiva ao consumidor. Várias empresas produzem e distribuem kits de comida, com todos os componentes para a preparação de uma refeição especial. Deve ser uma experiência especial, desde a abertura da caixa até a utilização dos itens empacotados, que reforça a sensação total do processo. Desta forma, na apresentação dos produtos embalados, o elemento de comunicação não é apenas a aparência ou somente referente ao ponto de venda, mas sim uma experiência total com a embalagem por toda a sua vida.

A embalagem comunica por meio da manipulação de:

- materiais;
- tamanho;
- forma;
- elementos gráficos;
- tipografia;
- imagens e ilustrações;
- qualidades táteis.

Os objetivos do design são utilizar todos estes critérios a fim de criar embalagens que comuniquem a mensagem certa com o objetivo de atender as necessidades racionais e os desejos emocionais dos consumidores-alvos.

Combinação de materiais, tamanhos, forma podem prover uma identidade de marca única, como na acinturada garrafa da Coca Cola. Nós a reconhecemos mesmo sem ler o rótulo. Foi utilizada pela primeira vez em 1916, muito antes de pensarmos em comunicação de embalagem. Foi simplesmente pensada para prevenir fraudes, mas permanece até os dias de hoje como uma propriedade distinta de marca. As garrafas de PET – poli-(etileno tereftalato) – da Coca imitam o design da garrafa de vidro, com as limitações do material e do processo de produção para manter a marca. A forma foi também um identificador de marca do desinfetante Pato Purific da Johnson & Johnson. O bico em forma de cisne foi reconhecido imediatamente pelos consumidores como um benefício prático na aplicação do produto. Como acontece com designs de sucesso, foi logo copiado por outros, ou ao menos até onde a proteção legal o permitia. Agora o setor de desinfetantes para banheiro é dominado por recipientes com bicos em ângulo. Isto se tornou um identificador do setor, em vez de um identificador de marca, e por sua familiaridade comunica o tipo de produto para o comprador. A seleção dentro do setor fica então mais analítica e direcionada pelo custo até que a próxima ideia brilhante apareça.

A cor pode parecer inicialmente como um meio de promover a identidade de marca e fixar imagem. E assim o é, porém em aplicações em embalagens há muitas mensagens codificadas por cores associadas a categorias particulares de produtos. Isto resulta, muitas vezes, da cópia da cor dominante adotada pelo líder de marca do setor. Desta forma, as Colas com marca da casa tendem a ser vermelhas. Outras convenções de cores têm suas próprias demandas em outros setores, o vermelho é associado com carne, no setor de alimentícios. No exercício de seleção de cores, os designers precisam entender estas convenções para o mercado no qual o produto será distribuído.

Cores distintas promovem a identificação inicial, porém a gráfica é que dá o detalhe. Onde o aspecto da embalagem não pode ser distinguido pela forma, a comunicação se apoiará apenas na gráfica. No caso de produtos de varejo os critérios certamente serão o branding e a identidade do produto, seguidos da informação. Para produtos que não são de varejo, os critérios serão diferentes. Os militares, por exemplo, gostam de saber qual a munição que estão usando sem ter que ler um rótulo. Ainda assim, o branding é de importância crítica, seja por meio de logotipos, texto, detalhes gráficos e imagens, ou mesmo pela combinação destes elementos. Uma gráfica bem elaborada com elementos coordenados também cria um apelo emocional, projetando uma imagem do produto. Esta pode ser clássica, indulgente, luxuosa, natural, orgânica ou qualquer outra mensagem que o produto necessite comunicar ao comprador em potencial. No Capítulo 9, analisaremos o uso da gráfica.

Propriedades táteis são frequentemente ignoradas como meio de comunicação. Nossa reação ao tato das coisas é ao mesmo tempo emocional e analítica. Pode ser intrigante, prazerosa ou desagradável. A sensação evocada nos conta logo sobre o objeto. Vidro rígido nos dá uma sensação diferente de suavidade de uma superfície também suave mas ligeiramente flexível de uma garrafa PET e poderemos interpretar estas diferentes suavidades como reflexos de qualidade ou utilidade. No Capítulo 8, exploraremos este item.

Há algo que uma embalagem não deve fazer. Ela não deve enganar ou induzir a falsas promessas. Há sanções legais para embalagens enganosas, primeiro em relação à razão entre tamanho e conteúdo. Um exemplo são os frascos de parede dupla para cremes cosméticos. Os fiscais de comércio levaram o assunto aos tribunais e as embalagens foram retiradas na sequência do mercado. Mesmo que tendo a intenção de maximizar o impacto na prateleira, sob o ponto de vista do marketing elas não devem induzir ao engano. A tentativa de aumentar a superfície frontal tornando as embalagens altas e finas pode torná-las instáveis. Os xampus e gel para banho serão evitados se forem derrubados com facilidade no banheiro por falta de base.

A embalagem não deve prometer mais do que o produto pode proporcionar. Se um design de embalagem sugere que o produto é especial e ele na realidade é comum, o consumidor se sentirá lesado. É responsabilidade do marketing o fato de um produto em si ser exagerado. Não importa o quanto o cliente for entusiasmado, produto e embalagem precisam ser sintonizados de forma correta. É sempre difícil para os designers dizer ao seu cliente que o produto é pobre. Os designers não conseguem desenvolver conceitos pobres de embalagem que se alinhem com um produto pobre. Em alguns casos o produto é de boa qualidade, mas o cliente procura uma embalagem que lhe é inadequada. Um exemplo disto são os queijinhos que contêm frutas destinadas à merenda do lanche nas escolas. O produto em si era nutritivo, mas a forma da embalagem, a fim de ser engraçada, foi feita em forma de tubo. As crianças apertavam o tubo direto na boca. Tornar alimentos atrativos a crianças é uma tarefa difícil, e experimentos demonstraram que o conceito não funcionava, já que a sensação de comer não era satisfatória. Os pequenos pedaços de fruta davam a sensação de que o produto estava contaminado ou que tinha se deteriorado em torrões de massa que não eram agradáveis de ingerir.

Não exagere na embalagem por razões ambientais, esta é uma prática danosa e também frustra o consumidor em acessar o produto e cria um desapontamento quando ele chega lá. Um aborrecimento adicional é ainda o descarte da embalagem.

Integrando design de embalagem

O design de embalagem sofre por ser muito próximo do final do processo de desenvolvimento do produto, quase um elemento agregado de última hora. Empresas de sucesso integram o design de embalagem com o desenvolvimento do produto a fim de atingir a uma solução ótima. Envolvendo a expertise em embalagem logo no início, junto a outras disciplinas do produto, é possível dirigir o projeto a uma conclusão satisfatória mais cedo, sem comprometer a criatividade. Não há razão para envolver os designers em um estágio tardio do processo para se descobrir então que os conceitos da embalagem são caros de produzir, difíceis de encher e incapazes de atingir os parâmetros da comercialização. Embalagem integrada é um esforço de equipe e os principais atores são mostrados na Figura 1-4.

Figura **1-4**
Embalagem integrada

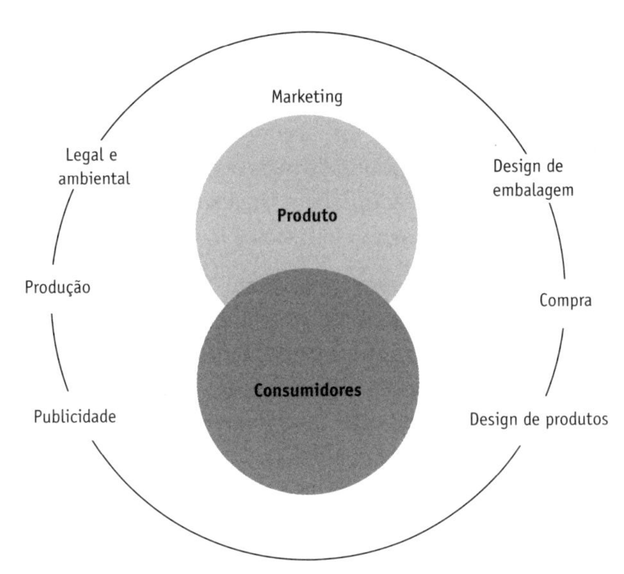

Fonte: Pira International Ltd

No centro está o consumidor, o foco de todo o desenvolvimento de produto e de embalagem. Antes que nos esqueçamos, são as exigências do consumidor, suas necessidades e desejos que a equipe deve atender e eles necessitam ser bem estabelecidos antes de tudo. Até que todos entendam completamente a motivação do consumidor, estarão projetando o produto e sua embalagem no vácuo. O produto é descrito como uma invasão no território do consumidor. Se tivéssemos que animar a sequência, o desenvolvimento do produto se sobrepõe gradualmente ao consumidor. Isto reforça que o desenvolvimento do produto seja determinado pelo mercado e não desenvolvido de forma isolada. Cercando o centro estão os atores principais; não há hierarquia na sua posição no diagrama. O ponto é que todas estas disciplinas estão envolvidas no desenvolvimento de produto e embalagem, não de forma sequencial e sim de forma holística. Certamente, durante o processo de desenvolvimento, algumas serão mais envolvidas do que outras; entretanto, todas têm uma contribuição a dar.

A Figura 1-4 sugere um fluxo contínuo de informação entre as participantes, mas isto pode ser difícil de se obter em situações reais. Personalidades individuais, orçamentos de centros de custo e motivações ocultas estão sempre presentes. O departamento de compras pode querer a flexibilidade de fornecedores múltiplos, mas o departamento de produção pode querer instalar uma nova linha já prometida, adequada somente a um tipo de embalagem. Eles podem se ressentir de ter designers externos opinando em detrimento do departamento interno da empresa. Isto é normal e compreensível, porém contradições precisam ser resolvidas e acordos precisam ser conseguidos. Nenhum deles pode entretanto desviar a atenção dos valores centrais de se satisfazer o consumidor com um produto que ele deseja e sempre com lucro para a empresa. Vamos visitar os diferentes departamentos e ver que conflitos podem acontecer.

Departamento de compras

O pessoal de compras deve assegurar que os materiais certos sejam entregues no tempo certo, com o preço certo e com as especificações certas. Para atingir este objetivo, deve formar um cadastro de fornecedores preferenciais e adquirir conhecimento profundo de materiais e processos. Um estudo de design que ignore esta expertise ou que apresente um fato consumado ao comprador estará perdendo o beneficio de uma fonte valiosa. Sempre que possível, a especificação de embalagens deve permitir ao comprador a liberdade de obter cotações competitivas de fornecedores alternativos. Muitas empresas requerem como rotina que embalagem seja obtida de mais de um fornecedor, assegurando continuidade de fornecimento se um fornecedor falhar. Uma solução de design que confine o fornecimento a uma única fonte pode colocar em risco os interesses maiores da empresa.

Um problema comum é o do ferramental. Se o ferramental tiver que ser produzido, por exemplo, para uma embalagem em plástico injetado, os custos de ferramental podem ser altos e a duplicação de um segundo ferramental ser proibitivo. Há aí um risco comercial e o comprador deve se assegurar de que, se apenas um fornecedor for utilizado, sua performance atinja as especificações almejadas. Para reduzir custos de ferramental, é comum um arranjo em que o fornecedor arque com parte dos custos iniciais deste ferramental. Mesmo sendo atrativo inicialmente, isto pode ser problemático se houver problemas de custo, qualidade e entrega. É preferível comprar o ferramental diretamente e ter a flexibilidade de movê-lo entre os fornecedores. Entretanto, esta opção na prática pode não ser viável, já que o ferramental é construído para um determinado modelo de máquina, não sendo sempre intercambiável entre fornecedores.

Em estágios iniciais do estudo estas considerações não devem ser levadas em conta nem ser um impedimento à criatividade. Entretanto, ter o envolvimento de compras no início começa a promover um clima de equipe. Haverá casos em que a forma da embalagem proposta pelos designers não estará entre as normas de compra, simplesmente pelo fato de que não utilizam este material na empresa. Neste caso, eles devem ser brifados quanto às consequências para a empresa.

Fornecedores

Quando um estudo de design progride, haverá um ponto onde a informação de especialistas e de custos tem necessidade dos fornecedores. Isto está dentro do âmbito da compra, tanto para contatar potenciais fornecedores como os que têm que ser evitados por força de experiências prévias fracassadas. Muitos projetos de desenvolvimento de produtos requerem confidencialidade. O mundo da embalagem é pequeno e novas consultas circulam facilmente, o que pode alertar os competidores para novos desenvolvimentos. Há muitos exemplos de soluções inteligentes serem conhecidas por meio da indiscrição dos fornecedores. A natureza e a fonte do projeto podem ser mascaradas com o uso de um escritório de design para os contatos iniciais com o fornecedor. Mesmo se mantendo o anonimato, a desvantagem é que os fornecedores dificilmente respondem com entusiasmo às solicitações dos escritórios de design. Afinal, é quase certo que os escritórios não comprem nada deles. As cotações levantadas por um escritório serão muito diferentes de uma para a Procter & Gamble, mas ajudam que o conceito de design proposto seja avaliado em uma ordem de preço.

Produção

Os gerentes de produção raramente ficam felizes se o novo produto da empresa se mostra um pesadelo na hora de embalá-lo. Os designers devem se familiarizar com os processos de produção e maquinário disponível antes que o trabalho de projeto se inicie. Eles não devem determinar a forma da embalagem, mas devem sempre ser considerados. Pode haver razões válidas para se considerar a instalação de novo equipamento a fim de se embalar o novo produto, porém não importa a idade do equipamento, o departamento de produção deve ser parte da equipe. Pode haver resistência compreensível a novos conceitos de design que aumentem os custos, diminuam velocidade da linha ou que se mostrem pobres em relação aos que estão sendo praticados no momento. Por outro ponto de vista, departamentos de produção são mestres em fazer mudanças e instalar novos equipamentos. Os especialistas em produção são essenciais e suas ideias devem ser ouvidas. A criatividade não é privilégio dos designers. Os custos de produção serão afetados pela velocidade das linhas em encher, fechar, rotular e pelo efeito do capital gasto em novos equipamentos. O departamento de produção fará um novo produto e sua embalagem acontecerem. Qualquer equipe de desenvolvimento de produto necessita do apoio e da expertise incondicional do departamento de produção.

Agência de publicidade

Em projetos maiores, promovidos com grande publicidade, as agências de publicidade são envolvidas muito cedo no processo de design. Elas trazem criatividade e frequentemente uma perspectiva única ao produto e à embalagem. É de grande valor sua capacidade de entender mercados, estilos de vida e motivação de consumidores. Como seu trabalho se resume em motivar a venda do produto, as agências de publicidade promovem um retrato eloquente do posicionamento do produto e do público-alvo. Escritórios de design e agências de publicidade têm uma linguagem comum.

Design de produto

Depende da natureza do projeto se designers de produto serão envolvidos. Muitos projetos não necessitam de designers de produto, por exemplo um novo molho ou um salgadinho. Se o produto for técnico como um novo barbeador, por exemplo, os designers de produto serão envolvidos na equipe interna ou como consultores externos. Como o design de produtos geralmente opera em uma escala de tempo mais longa do que a da embalagem, é comum se relegar o *input* do design de embalagem para os estágios finais do desenvolvimento do produto. É uma questão de bom senso mas, às vezes, pequenas modificações no produto podem ocasionar ganhos na embalagem.

Departamento jurídico

As maiores companhias multinacionais têm departamentos jurídicos responsáveis por controlar os direitos mesmo antes de o projeto ser passado aos escritórios ou departamentos de design. As artes-finais também necessitam ser protegidas antes de serem utilizadas na impressão. Eles checam se a arte está correta e se o tamanho da tipografia e seu posicionamento estão de acordo com as normas legais. Fotos e ilustrações também necessitam de autorização legal de forma a não induzir a erros de interpretação ou ocasionar problemas no país de venda. Os assuntos de patentes e de direitos deverão ser resolvidos durante o projeto. É normal que escritórios de design transfiram estes direitos ao cliente, porém talvez seja necessário um estágio de projeto para cobrir a preparação de desenhos.

Departamento de marketing

O primeiro contato em um estudo de design de embalagem é normalmente com o grupo de marketing do cliente. Alguns grupos incluem venda e merchandising, outros os separam em funções individuais. Merchandising é mais relacionado à embalagem e onde houver esta expertise na empresa ele deve ser disponibilizado aos designers de embalagem. Grupos de venda estão na ponta do negócio e seu ponto de vista se refere a seus clientes e usuários finais. Qualquer informação do que os varejistas desejem é um valioso aliado e poderá criar um elemento competitivo inovador.

Trabalho em equipe

Ao se incorporarem as disciplinas em uma equipe, todos poderão seguir a mesma estratégia de negócios. O trabalho em equipe é marcado por uma compreensão mútua do mercado e dos objetivos do projeto. Para funcionar, todos na equipe devem se comunicar efetivamente por meio de reuniões regulares. Em uma grande empresa internacional, a equipe que lançava um novo produto adotou o lema "Não me traga um problema, traga-me uma solução". Isto foca o trabalho em superar dificuldades em vez de se ressaltá-las.

Encoraje a criatividade em todos e não apenas nos profissionais criativos. Alguns dos projetos de maior sucesso foram os mais excitantes de se realizar. Sim, a tarefa é séria mas também pode ser prazerosa se o ambiente e as relações de trabalho encorajarem os membros da equipe a libertarem suas ideias, a criatividade emergirá. Sempre que possível, o trabalho de design deverá ser ilustrado por meio de mock-ups em vez de descrições. Os designers de embalagem estão acostumados a operar desta maneira, mas isto pode ser uma revelação para os outros participantes. Ver um objeto real sobre a mesa, mesmo que de forma rudimentar, estimula o pensamento como nenhuma conversa faz.

Lembre-se de que o sucesso dependerá de consumidores reais comprando o produto. Envolver estes consumidores durante o processo de design pode confirmar este sucesso ou prevenir desastres.

2

recursos de design **e orçamentos**

Introdução

Design de embalagem na Grã-Bretanha foi percebido historicamente como uma área especializada de design. Mesmo a habilidade básica necessária ao design de embalagem sendo especializada, a maioria das empresas oferece agora um portfólio mais amplo de serviços. Isto se dá, em parte, por pressões comerciais, pode ser difícil a um escritório se basear apenas no serviço de design de embalagem como fonte de sobrevivência. Isto reflete também uma percepção de que a embalagem é parte de uma atividade de marketing que precisa ser desenvolvida em paralelo ao branding, identidade corporativa e outras estratégias da empresa. Em outras partes da Europa o design de embalagem é incluído nos serviços das agências de publicidade, que oferecem uma fonte única para todos os serviços de design.

Em 2004, o clima econômico europeu permanecia incerto. A indústria manufatureira lutava para competir com menores custos de mão de obra do Oriente e o crescimento de suas qualidades em design e fabricação. Uma pesquisa conduzida pela revista Design Week (23 de outubro de 2003) sugeriu que os salários dos designers na Grã-Bretanha continuaram iguais se comparados ao ano anterior, mas que cresceram para os diretores de novos negócios. Isto indica a ênfase que as consultorias colocam em obter novos projetos em tempos difíceis. De acordo com a mesma pesquisa, consultorias não estavam investindo na contratação de designers de embalagem graduados, o que ocasionará uma escassez no futuro. A Tabela 2-1 foi compilada de agências de recrutamento e não de consultorias. As escalas de salários das consultorias são geralmente mais altas do que as da Tabela 2-1, mas houve uma resposta muito limitada das consultorias, que se omitiram.

Tabela **2-1**
Salários de designers de embalagem e de marca (£)

	Júnior	Pleno	Sênior	Diretor de criação	Arte-finalista
Londres	18,000	23,808	32,231	52,250	25,042
Fora de Londres	16,750	22,875	29,125	52,250	25,042

Fonte: Design Week 23 de outubro de 2003

Tipos de projetos de design

Design de embalagem tem um papel mais amplo, mais estratégico nas atividades da empresa do que simplesmente desenhar embalagens. Isto ocasionou uma redução gradual na evolução direta do trabalho de design em favor de uma aproximação mais revolucionária. Com um mercado cada vez mais competitivo que contém uma maior variedade de nichos de produtos, o sobressair e a inovação na embalagem são primordiais. Gerar novas ideias a partir de uma marca pode ser amparado pela familiaridade com os produtos fabricados e sua estrutura organizacional. Entretanto, é frequente a necessidade de se ter um foco novo vindo de uma fonte externa, que não tenha relações com as atividades da empresa.

Estes projetos terão tipicamente um briefing mais solto, com poucas restrições, a fim de encorajar a equipe a pensar lateralmente. Frequentemente, este briefing para o projeto da embalagem terá poucos detalhes – às vezes sintetizado em apenas uma frase. Como exemplo, um fabricante de rações para animais resumiu um projeto usando esta questão, "Como poderemos fazer as crianças cuidar de seus animais?". Outra marca com um portfólio de produtos diversos perguntou, "Como beberemos no futuro?".

Neste tipo de projeto, o estágio criativo poderá ser o único estágio ou poderá ser seguido por um segundo estágio onde alguns conceitos serão selecionados e desenvolvidos. Projetos desta natureza são ideais para consultorias universitárias, em que graduados e pós-graduados podem contribuir adicionando dimensões inéditas ao projeto. O objetivo é o de encorajar o pensamento criativo, desta forma o *brainstorming* é o método preferido pela equipe de design. É interessante que alguns fornecedores de embalagens e fabricantes seguiram este padrão quando procuravam expandir suas atividades fabris. Em vez de ficar simplesmente respondendo às demandas do mercado onde o custo é o fator preponderante, eles procuram oferecer produtos com valor agregado que eles possam introduzir no mercado. Isto os posiciona como fabricantes de produtos com melhor controle sobre suas estratégias corporativas. Empresas que adotaram este padrão incluem fabricantes de cartão ondulado, fornecedores de poliestireno expandido (EPS) e processadores de filmes flexíveis.

Design de embalagem promove uma grande visibilidade pública de qualquer empresa ou marca, que é vital para o desempenho da empresa. Com marcas estabelecidas, é normal que a embalagem seja adaptada às regras de identidade corporativa. Neste caso, atua de forma secundária para a imagem corporativa, seguindo mais do que liderando. Porém é comum, particularmente com as empresas pequenas, que se reconheça que não só a embalagem tenha que ser revista mas que a imagem corporativa adotada não é apropriada ao seu negócio. Isto pode acontecer porque o negócio mudou radicalmente, está querendo atingir novos mercados ou simplesmente cresceu de um patamar onde o branding não era tão importante. Em alguns casos, é a equipe de design que ressalta este fato. Suponhamos que eles estão trabalhando em uma embalagem para um novo produto e deparam com um esquema de cores corporativas fora de época ou inflexíveis. Eles precisarão ser muito diplomáticos ao explicarem isto a seu cliente.

Nestas instâncias, o que pode ter se iniciado como um estudo de design de embalagem se desenvolve em um programa de identidade corporativa. Considerar identidade corporativa, branding e design de embalagem como atividades paralelas tem o benefício de que todo o trabalho de design é dirigido a um objetivo comum. Isto será ainda melhor se outras áreas, como o web design, também forem incluídas no projeto.

Um outro tipo de projeto de embalagem é quando o produto e a embalagem são integrados de forma que a embalagem prove uma funcionalidade no uso do produto. Um exemplo é um inalador que proveja a necessária dose de medicamento para asmáticos. O remédio usa tecnologia de embalagem para conter o produto – neste caso, um aerossol com uma válvula de dosagem. Isto necessita de um elemento de pega projetado para fornecer o conteúdo por via oral do aerossol. Há total integração entre produto e embalagem.

No mercado farmacêutico, em particular, há um número crescente de casos que exigem embalagem integrada. O fornecimento de remédios é uma área onde a embalagem pode ter o papel de assegurar aos usuários a dosagem certa que for receitada. Aí temos um cruzamento entre embalagem e design de produto e a colaboração de designers de produto é sempre essencial.

Design *In House*

Proprietários de marcas famosas frequentemente têm suas próprias equipes de design. O pensamento por trás disso varia: algumas empresas mantiveram equipes por muitos anos, outras abandonaram este conceito e agora usam serviços terceirizados. A vantagem de se ter uma equipe *in house* se deve à sua familiaridade com o produto e à expertise adquirida. Muitas delas estão envolvidas principalmente com problemas de desenvolvimento técnico e engenharia, mas ainda são adeptas do design. Seus conceitos de design serão certamente discutidos com os departamentos de produção e com fornecedores, promovendo-se soluções de design perfeitamente factíveis. Designers gráficos e estruturais podem ser parte da equipe *in house*, dependendo das atividades da empresa. Como um recurso da empresa, seu tempo deve ser plenamente utilizado. Talvez por isto tenham raramente o tempo para fazer pesquisa ou se envolver na avaliação de mercados. Isso pode ser uma generalização injusta, mas parece que há frequentemente um talento doméstico não descoberto por pressões das tarefas do dia-a-dia.

Há algumas empresas onde o design *in house* tem padrão de vencedores de prêmios. O Creative Review Survey (Design Week, Creative Survey, novembro 2003) indica que Nike Design, Philips Corporate Design, BBC Broadcast e NBC Creative Cervicais estão tendo um impacto na comunidade de design, e parte de seu trabalho inclui embalagem.

Os designers fora da empresa têm a vantagem de uma visão fresca e o entusiasmo por um novo desafio. Trabalhar dentro frequentemente parece produzir soluções mais seguras do que conceitos de maior desafio. Onde isso ocorre é um problema gerencial. Se equipes de design *in house* receberem o mesmo estímulo e recursos que as consultorias externas, certamente contribuirão de forma mais efetiva para as empresas que as empregam.

A relação cliente-consultor

Apesar da resistência dos escritórios de design, alguns fabricantes ainda utilizam o método da concorrência para conceder um contrato. Aqui é oferecida a oportunidade a três ou mais escritórios de design a se candidatar a realizar um projeto para a empresa. Cada escritório que se candidata terá que alocar um tempo e custo consideráveis na preparação de propostas por nenhum ou por pouco valor, que, por sua vez, não tem nenhuma relação com a quantidade de trabalho envolvida. Em épocas de pouco trabalho de design, os escritórios podem considerar que vale a pena investir seu tempo no sentido de conseguir um novo cliente e a perspectiva de trabalho futuro. Eles estão efetivamente propondo seus serviços de design sem nenhuma garantia de retorno. Nestas situações competitivas, os escritórios tendem a investir de forma pesada para impressionar clientes potenciais.

As empresas-clientes envolvidas neste processo de concorrência conseguem um bom negócio onde adquirem três ou quatro propostas criativas por bem pouco dinheiro, com cada uma delas bem ajustada ao seu briefing. Será isso, porém, um bom negócio mesmo? Design é difícil de julgar. Se cada escritório propuser duas ou três variantes, poderemos ter 12 conceitos para que o cliente os julgue. É provável que não haja vencedores evidentes e que um design seja forte em uma área enquanto outros sejam fortes em outras áreas. O dilema do cliente é como tirar o melhor de diversos conceitos submetidos por escritórios diferentes e combiná-los de forma cruzada. Tomar uma solução de um escritório e pedir a outro que o desenvolva é a forma mais insatisfatória e a pior sob o ponto de vista da ética. Há casos de discussão jurídica como resultado desta prática. Os clientes têm o direito de utilizar qualquer material para o qual pagaram, mas solicitar a um escritório o desenvolvimento da ideia de outro demonstra uma falta total de comprometimento.

Todo o processo de concorrência é marcado por problemas práticos e de fundo ético. A comunidade do design tem encorajado a solidariedade em resistir a este procedimento, mas ainda assim a prática persiste. No geral, não é apenas o negócio do design que perde, mas o cliente também. Os designers devem acreditar em seu trabalho a fim de torná-lo um sucesso. É com o seu entusiasmo e o amor pelo design que se inicia a criatividade. Se ele é ofuscado por meio de um processo de seleção sem transparência, o design ao final se torna fraco e o cliente vai ter que se contentar com competência em vez de um produto de sucesso.

Muitas organizações fabricantes de porte optam por uma relação duradoura com consultorias de design selecionadas, mantendo uma lista de empresas sujeitas à revisão de sua performance. Em alguns casos isto se dá em empresas que estão em um processo de *downsizing*, onde as atividades de design de embalagem passam a ser contratadas fora. Outras mantêm um departamento orientado apenas para aspectos técnicos e não aspectos de marketing.

Ser selecionado como um escritório de design aprovado por um grande fornecedor ou uma grande organização é um acalentado presente do céu. O mais importante é que garante uma fonte regular de faturamento e encoraja um diálogo constante com o cliente sobre todos os aspectos de seu negócio. Neste sentido, o escritório fica familiarizado com os produtos do cliente, processos de produção e estrutura organizacional. Isto reduz o prazo inicial dedicado a pesquisas nos estudos iniciais, o que de outra forma deverá ser ganho em cada nova empresa e em suas atividades. Efetivamente, o escritório passa a ser uma extensão da empresa e o guardião de seu design.

Empresas multinacionais podem operar tratando cada marca como uma entidade separada. Desta forma, um escritório pode estar trabalhando para Procter & Gamble (P&G), por exemplo, e estar trabalhando com os gerentes de marca de uma ou duas marcas apenas do amplo portfólio da empresa. Porém, com os fabricantes *multibrand* e de produtos múltiplos dominando os mercados, será muito difícil para escritórios de design contratados por contratos longos trabalharem para mais de uma empresa deste porte. Trabalhar para P&G e para Unilever pode ser difícil, mesmo que o produto da P&G seja xampu e o da Unilever seja café. Em alguns casos, provando-se que os produtos não sejam competidores diretos entre si, as multinacionais podem permitir este tipo de arranjo.

Há sempre o perigo de que um escritório de design se dedicando por um período muito extenso de tempo a apenas um cliente ou marca passe a ser rançoso. A familiaridade com a linha de produtos e o pessoal da empresa por longo tempo pode ter um impacto negativo na criatividade. O pensamento pode ficar tão alinhado com o do cliente que torne o design sem desafios. Os designers podem ficar cansados e seu desempenho pode refletir isso. Um certo grau de competição deve existir ou a mudança de escritórios de uma marca para a outra pode manter um certo grau de inovação. Como os gerentes de marca têm a responsabilidade por todas as atividades da marca, o que inclui o design, eles tendem a permanecer com um escritório que os tenha servido bem no passado. Eles podem ser relutantes em ceder "seus designers" para outros setores da empresa.

Selecionando a consultoria certa

É vital adequar o tipo de projeto às capacidades do escritório de consultoria em design que se está considerando. Os escritórios desenvolvem inevitavelmente um estilo próprio que não apenas reflete os talentos particulares da equipe de designers, mas também os julgamentos do diretor criativo que controla o trabalho, além dos gestores responsáveis por ele. Isto dita em grande parte o tipo de trabalho no qual a equipe se especializa, mas também o trabalho que lhe traz sucesso. Para alguns escritórios, ter sucesso em uma área pode ser um problema. Eles podem ser conhecidos por seu trabalho em um nicho de mercado e ter dificuldades em quebrar este paradigma. Se o portfólio de um escritório contiver uma série de casos de sucesso de designs em vinhos e aguardente, pode ser difícil convencer clientes de que podem desenhar frascos de xampu. Algumas consultorias aceitam seu status de especialista, o que torna a escolha mais fácil para os seus clientes. Algumas podem ter uma reputação para o desenvolvimento de marcas, enquanto outras são conhecidas pelo seu apelo criativo imediato.

Os clientes ou clientes potenciais podem ter alguma ideia das capacidades de um escritório monitorando a imprensa especializada em design, embalagem ou marketing. Os artigos sobre lançamento de produtos novos mencionam os autores ou o nome do escritório, e seguindo-se estas fontes pode-se ter um perfil das capacidades, da especialização e da reputação deste ou daquele escritório. Os escritórios também fazem seu marketing. Anúncios, folhetos ou websites são fontes de se avaliar seu trabalho, eles indicam a capacidade do escritório e como ele se apresenta. O layout, tipografia, legibilidade, uso de cor e ilustrações e a criatividade nos materiais de publicidade provavelmente dizem mais sobre a companhia do que o texto. Como com a maioria da publicidade, alguns argumentos são um pouco exagerados e eles nunca substituem o exame consciencioso e crítico do portfólio da empresa. As consultorias ou os escritórios terão prazer em apresentar suas credenciais a clientes potenciais onde seu trabalho poderá ser apreciado e sua forma de abordagem, discutida. Apesar de se argumentar que a criatividade é um fator preponderante, é importante explorar o seu método de trabalho. Criatividade apenas é, muitas vezes, insuficiente. Uma abordagem estruturada e analítica ao projeto é necessária se o design, não importa quão criativo, tenha sucesso.

Com o que parece ser um universo em expansão de escritórios de design do qual escolher, pode ser difícil conhecer empresas que possam ser contatadas inicialmente. Algumas podem ter uma reputação particularmente forte em certos mercados. Outras podem ter sido premiadas por ter tido sucesso em concursos. O negócio do design está começando a se acostumar a promover concursos e premiações como uma vitrine para o público e para a imprensa especializada. Algumas destas premiações são promovidas por fornecedores de materiais, como o Prêmio Shine para vidro. O Institute of Packaging promove seu prêmio Starpack para estudantes e para a indústria anualmente. O prêmio The Design & Art Direction (D&AD) é um dos de maior prestígio pela sua relação com o ramo profissional da indústria do design. Ser julgado por companheiros de profissão de alta reputação na comunidade do design dá maior autoridade a estes concursos. Além disso, o D&AD dá excelentes oportunidades a jovens talentos por meio de seu programa de concursos para estudantes envolvendo "grandes nomes" do mundo do design para inspirar talentos nascentes. O Yellow Pencil do D&AD é um prêmio prestigioso e um bônus para o portfólio de estudantes e profissionais.

É sempre útil consultar os resultados de prêmios e de concursos para se ter uma ideia de que escritórios ganham com mais frequência estes eventos, mas deve-se utilizar este dado com cautela. O verdadeiro valor de uma empresa não é apenas ganhar concursos, mas, aumentar os lucros de seus clientes. De qualquer forma, os prêmios são uma fórmula de se classificar as consultorias de design. Os especialistas em design de embalagem têm a vantagem sobre as outras especialidades do design porque os projetos de embalagem têm um grande giro, e podem por isso apresentar vários exemplos de projetos como potenciais vencedores de concursos.O Creative Survey da Design Week é uma lista publicada dos 50 escritórios de design mais criativos de todo o espectro das especialidades do design. Não é surpreendente que grandes consultorias estejam no topo da lista pelo simples fato de que elas produzem mais design do que as pequenas. Muitas das empresas são multidisciplinares e de todas a Pentagram é um claro vencedor em 2002 e 2003. Se separarmos das outras especialidades deixando só as de embalagem, a lista de 2003 de premiados será como na Tabela 2-2.

Tabela **2-2**

Vencedores de Prêmios de Embalagem e Branding em 2003

Posição	**Consultoria**
1	Williams Murray Hamm
2	Lewis Moberly
3	Elmwood
4	Design Bridge
5	Turner Duckworth

Fonte: Design Week, Creative Survey, novembro 2003

Quando se chegar a uma lista de escritórios de design em potencial e estiver a ponto de tomar uma decisão, vale a pena fazer uma visita à empresa. Conheça a equipe de criação e não apenas os contatos ou os administrativos, sabendo assim com quem vai trabalhar e quem vai dirigir seu projeto. O cliente e a equipe do escritório terão que trabalhar juntos por um longo período de tempo, provavelmente. Se as personalidades não se combinarem bem nesta reunião inicial, haverá possibilidade de que estas diferenças se manifestem mais tarde, em uma fase mais crítica do projeto. O cliente provavelmente não irá revelar seu projeto em uma etapa tão cedo do trabalho, mas necessita estar preparado para definir os pontos principais. Em resposta, os escritórios precisam reagir de forma muito franca. Se estiver além de suas capacidades, eles devem admiti-lo. Mesmo sendo difícil recusar trabalho, prover uma solução pobre ou inadequada a um projeto de design pode ser comercialmente mais danoso ainda. A comunidade do design é um corpo muito compacto e sempre se sabe quando uma consultoria não deu conta do recado e desenvolveu uma solução inadequada.

Como um potencial cliente selecionando um escritório de design, é útil classificar as atividades de forma que se possibilite comparação entre consultorias. Isto só faz sentido se forem providos as mesmas informações e detalhes a cada consultoria consultada. A Tabela 2-3 sugere as informações necessárias a se considerar quando se procura uma consultoria em design. A escolha será sempre dependente da natureza do projeto. A principal diferença é entre as consultorias especializadas em design gráfico e aquelas que ofereçam design estrutural e design gráfico. Mas se o produto for internacional, é importante que a consultoria tenha acesso às condições do mercado local. Na Grã-Bretanha há pouca tradição em embalagem para o meio ambiente, porém, com o aumento da legislação e a necessidade de ser socialmente responsável, isto mudará. As consultorias em design devem ser questionadas quanto à sua predisposição e capacidade de incluir questões ambientais demonstrando isso por meio de seus projetos anteriores.

Tabela **2-3**

Informações gerais providas pelos clientes

Tipo de projeto	Estrutural, gráfico, identidade corporativa, céu azul
Tipo de produto	Descrição: sólido, líquido, em pó, granulado
Classe de produto	FMCG, farmacêutico, drogas éticas
Mercado	Demográfico, estilo de vida
Status	Produto novo, marca nova, marca líder, marca própria
Requisitos de design	Revolucionário, evolutivo, extensão de linha, "eu também"
Ponto de venda	Países, mercados, ponto de venda
Questões ambientais	Reciclagem, reúso, descarte

Fonte: Pira International Ltd

Há implicações de custo e aspectos práticos associados com todos os tipos de embalagens, do ponto de vista do design estrutural ou gráfico. Ao selecionar uma consultoria, saiba como estes pontos serão encarados. Enquanto a criatividade for demonstrada pelas consultorias, é importante que uma mente analítica e informada também esteja em ação, a fim de verificar se os candidatos são comercialmente versados e práticos. A Tabela 2-4 é um *checklist* para selecionar uma consultoria adequada em design. Qualquer consultoria deve responder a esses pontos e os demonstrar de forma coerente a seus clientes. Os critérios apontados na tabela permitem estabelecer um "ranking" de capacidade. Eles não são exaustivos, apenas os considere como itens que explicitam informações do escritório. Quais são seus métodos de pesquisa? A que fontes de pesquisa têm acesso? Essa ênfase pode variar de acordo com a natureza do projeto. Mas, supondo que necessite de um bom design estrutural, teste o conhecimento técnico do escritório sobre materiais e processos.

Tabela **2-4**
Checklist para comparação de consultorias em design

Capacidade	**Critérios demonstrados**	***Ranking***				
		Pobre				**Bom**
Criatividade	Invenção, imaginação, originalidade	☐	☐	☐	☐	☐
Conhecimento técnico	Materiais, processos, dificuldades, custos	☐	☐	☐	☐	☐
Gráfica	Layout, tipografia, cor, trabalho prévio	☐	☐	☐	☐	☐
Conhecimento de mercado	Tendências de consumo, nacional, internacional	☐	☐	☐	☐	☐
Pesquisa	Métodos e fontes	☐	☐	☐	☐	☐
Meio ambiente	Escolha de materiais, legislação, fontes	☐	☐	☐	☐	☐
Aspectos legais	Nacionais, internacionais, em trânsito	☐	☐	☐	☐	☐
Administração	Planejamento, estrutura de cobrança, supervisão, controle	☐	☐	☐	☐	☐
Arte-final	Processos de impressão, originais, codificação, segurança	☐	☐	☐	☐	☐
Informação suplementar						
Equipe	Números, estrutura, seniores, juniores					
Conhecimento línguas	*In house*, acessíveis					
Facilidades	Fotografia, modelagem, arte-final, visualização, Mac/PC, softwares 2D e 3D					
Base de clientes	Correntes, antigos, conflito de interesses, alianças					

Fonte: Pira International Ltd

A Tabela 2-4 menciona informação suplementar sobre equipe e equipamento. Uma visita ao escritório revelará a modernidade do equipamento. Se equipamento Apple ou PC, deve ter a especificação mais moderna possível e ter operadores aptos. Os softwares devem incluir Photoshop, Quark XPress ou Illustrator, Freehand e provavelmente softwares tridimensionais, como Rhino ou SolidWorks. Adicionalmente, o design para web necessita de Director e Flash. Todos devem ser de versões atuais. É importante, ao se negociar com uma consultoria em design, que não haja conflitos de interesse. Um escritório encontrará dificuldade de trabalhar para Procter & Gamble e Unilever simultaneamente, mesmo se cada empresa tiver uma linha diferente de produtos. O projeto para uma poderá ser um detergente líquido e para a outra um salgadinho. Antes de assinar um acordo ou contrato com um escritório, estabeleça que trabalhar para concorrentes é inaceitável; defina apropriadamente o que são estes "concorrentes". Um escritório grande pode alegar que se divide em equipes e que por isto pode trabalhar para clientes que sejam concorrentes, porém isto não funciona de verdade. Mesmo que haja um grau de simpatia por parte de alguns fabricantes de marca que reconhecem o problema de grandes áreas de produtos serem dominadas por poucas companhias, é difícil para os escritórios trabalharem somente para uma multinacional.

Criatividade, a capacidade mais importante na Tabela 2-4, é também a mais difícil de mensurar. Os seus critérios de julgamento são os conceitos abstratos de invenção e imaginação. Apenas a opinião do cliente sobre o que foi visto de projetos anteriores pode ajudar neste julgamento.O trabalho criativo é apreciado ou não. A criatividade deve sempre ser suportada por uma racionalidade que atenda ao briefing.

O nível de conhecimento tecnológico é importante em um escritório, não importa se o projeto se resume apenas à gráfica ou se também tem aspectos estruturais. No mínimo, a equipe necessita ter um membro com conhecimento de fornecedores, maquinário, materiais e processos. O espectro total do trabalho do design não pode ser explorado se os designers relutam em romper as fronteiras da tecnologia. Uma falta de conhecimento tecnológico pode prejudicar o projeto recomendando soluções de design que sejam pouco práticas ou muito custosas. Não há sentido em se gastar somas consideráveis de dinheiro apenas para descobrir que o candidato a ser seu designer estourará o orçamento.

Este tipo de problema aparece muito na gráfica e na impressão. Erros típicos são utilizar um tipo muito pequeno para o processo de impressão ou utilizar cores que serão determinadas pelo processamento. A maioria dos escritórios produz suas artes-finais, porém é importante que isto seja revisto por um *expert* em impressão. Os clientes têm que ter a confiança de que o que lhes é apresentado pelo escritório é o que receberão na versão impressa. Ter acesso a um *expert* em impressão ajudará a evitar esta situação. Em alguns casos isto funciona em reverso, quando o escritório não prover uma amostra do resultado final. A cor pode variar, o acabamento da superfície pode não representar o pigmento metálico ou os meios-tons não são reproduzidos tão fielmente, fazendo com que o cliente tenha que aprovar um design com base em uma prova que não representa o resultado final. Aí então é questão de o cliente ter confiança nas habilidades e expertise do escritório.

Não é realista esperar que os escritórios de design sejam *experts* nos aspectos legais da embalagem. Os escritórios vão assumir que todos os originais fornecidos sejam legalmente corretos e que não requeiram maiores cuidados. Os originais devem incluir uma referência específica quanto a corpo tipográfico. Na Grã-Bretanha estes são especificados por legislação quanto a informações de peso ou volume. O seu posicionamento é também especificado como sendo no painel frontal e na altura do olho do comprador. Mesmo que designers e arte--finalistas estejam familiarizados com estes requisitos, a responsabilidade é da empresa do cliente. Muitos escritórios de design insistem para que a prova final seja assinada pelo cliente antes de ir para impressão, mas há sempre a interferência de prazos curtos ou de restrições de tempo. A assinatura da prova final só parece ser importante quando a embalagem está na prateleira com a informação errada – um erro de custo alto.

As embalagens devem ser desenhadas de forma que não induzam a erro. O volume exterior deve relacionar ao seu conteúdo declarado. Este é um fator legal menos tangível, mas que deve ser considerado se houver dúvidas. Uma ação legal foi impetrada contra um fabricante de embalagens de parede dupla para creme facial. Também houve instâncias onde o design foi considerado por um conselho legal muito próximo da marca líder no seu uso da gráfica e das ilustrações. Tanto clientes como designers devem obter cobertura legal para todo o trabalho de design.

As empresas-clientes procuram consultorias em design para soluções criativas que atendam seu briefing, muitas vezes descartando aspectos administrativos. Pode ser que só mais tarde, quando notas fiscais inesperadas apareçam ou quando houver atrasos, a administração passe a ser um fator importante. Antes que o projeto se inicie, as empresas-clientes devem ter um orçamento/proposta final: quanto o projeto irá custar e quando será entregue. Desista de escritórios que não fornecem um orçamento/proposta completo.

Orçamento

É mais fácil para um escritório desenhar uma embalagem do que predizer o custo total do projeto. Ainda assim, as empresas de design devem propor um custo, pelo menos para os estágios iniciais, além de tempos de entrega acurados. Como com qualquer fornecedor, o trabalho de design deve ser na qualidade certa, entregue na data certa e com preço justo. Se o prazo for apertado, a ponto de ser irreal, os custos irão subir e a qualidade pode sofrer com isso. O projeto planejado com carinho, com prazos realistas, proporciona a melhor oportunidade de se fazer comparação de custos, a melhor chance de se selecionar a melhor consultoria para o projeto e, em última análise, o melhor resultado.

Os escritórios podem orçar projetos de diferentes formas, mas em última análise eles tomarão a decisão em termos comerciais. Eles podem decidir que farão uma cotação mais barata somente para adicionar um marca de prestígio ao seu portfólio. Se houver uma chance de trabalhos futuros de um cliente prospectivo, um preço mais barato pode assegurar uma relação de longa duração. Seria antiético se os clientes prometessem trabalho futuro simplesmente para reduzir os valores de um projeto único. Se o projeto inicial for insatisfatório, o cliente irá naturalmente a outro fornecedor. O negócio deve ser benéfico para ambos, o que o fará ser bem conduzido e de forma realista desde o seu início.

Um método muito eficaz de se orçar um projeto de design é dividir o trabalho em estágios ou etapas, orçando-se previamente os estágios iniciais provendo-se uma estimativa para o projeto total. Para se orçar uma etapa, o escritório decidirá quais membros da equipe serão envolvidos e com quantas horas cada um deles estará envolvido. Multiplicar as horas para cada membro da equipe pode ser calculado e um total obtido. Os administradores do escritório poderão tomar uma decisão estratégica sobre o orçamento disponível por parte do cliente e a importância de se assegurar o contrato dentro do plano de negócios do escritório. A comparação com projetos anteriores e a experiência no negócio podem também servir de guia. O primeiro estágio é geralmente o mais caro, e aqui novamente o escritório poderá decidir reduzir este custo para assegurar os estágios subsequentes. Não há regras fixas. O orçamento final, porém, será definitivo. Certamente, é muito comum que projetos excedam orçamento, especialmente no primeiro estágio do projeto, onde se dá o maior "impulso" criativo. O escritório esperará resgatá-lo em estágios subsequentes.

As cotações frequentemente contêm honorários, como um custo estimado e as despesas cotadas em separado. Quando estas cobrem apenas viagens, compra de amostras e materiais, elas dificilmente excederão 10% dos honorários, como uma regra grosseira. Em estágios posteriores, porém, onde modelos serão executados e são feitas experiências e provas de impressão, os custos podem subir acima do estimado para o estágio anterior. Isto pode se tornar um item contencioso e desandar a relação cliente-escritório. Alguns clientes poderão solicitar a possibilidade de cortar custos a partir de um determinado nível, restringindo o escritório a solicitar autorização para custos adicionais, antes de autorizá-los.

A compatibilização de contas frequentemente causa algum embaraço às consultorias de design. Elas ficam tímidas em cobrar pagamento aos clientes, já que isto pode prejudicar futuros projetos, ainda assim elas necessitam manter um fluxo de caixa para manter seu negócio. Os métodos de pagamento devem ser acordados no início do projeto para que esta situação seja evitada. Isto pode parecer muito objetivo, mas é comum este tipo de problema, particularmente quando o cliente tem uma estrutura complexa. O trabalho de design pode ser autorizado por um departamento e a administração pode ser controlada por uma divisão separada e até mesmo localizada em outro país. Parece que, quanto maior a empresa, mais lento é o pagamento.

Mesmo que o primeiro estágio de um projeto seja o mais dispendioso em honorários, as empresas de design frequentemente têm que prover uma estimativa do projeto completo. Afinal, as empresas têm um orçamento total para o projeto e necessitam saber se as consultorias de design têm capacidade de trabalhar dentro dele. A Tabela 2-5 mostra um exemplo para o redesign gráfico de uma embalagem para biscoitos. Ele mostra que 40% do custo total

Tabela **2-5**

Típica estrutura de custos para o design gráfico de uma embalagem de biscoitos

Estágio	Atividade	Honorários (% do total)	Custo e despesas (% do total)
1	Pesquisa		
	Pesquisa de loja		
	Compra de amostras		
	Design do conceito, face principal, Exploração de tipos de estilo, cores, Fotografia, ilustrações		
	Reunião intermediária		
	Desenvolvimento adicional		
	Apresentação		
	Subtotal	40	20
2	Desenvolvimento adicional	20	10
3	Extensão a outras faces	20	10
4	Arte-final e provas	20	60

Fonte: Pira International Ltd

dos honorários ocorrem no primeiro estágio e 60% dos custos e despesas só aparecem no quarto estágio. O perigo aqui é que, no final do projeto, os custos de arte e provas podem suplantar o orçamento inicial. Pode parecer óbvio que isto deveria ser previsto no início do projeto, porém frequentemente não o é. Mudanças de última hora nos originais, provas adicionais, o uso de courriers para entrega de provas para aprovação aumentam os custos de forma acima da expectativa, dando margem a disputas entre as empresas.

Ao se orçar um estudo de design, previsões devem ser feitas não apenas para os honorários, mas também para os custos adicionais. Mudanças de última hora e trabalho adicional inevitavelmente custam dinheiro.

Propostas de design

Em um ambiente competitivo, as consultorias de design serão julgadas em termos da qualidade de sua resposta e não apenas pelos custos. É comum o cliente fornecer o mesmo briefing a mais de uma empresa e acertar uma data para apresentação por cada uma delas. A maioria das consultorias prefere apresentar suas propostas em pessoa, ou visitando o cliente ou convidando-o a visitar o escritório de design. Isto promove a oportunidade de vender seus serviços, apresentando custos e cronograma. Um documento por escrito também é fornecido para discussão subsequente com seus colegas. As propostas podem ter diferentes formatos, mas normalmente incluem:

- Um apanhado geral do briefing que não é apenas a repetição do fornecido pelo cliente, mas que demonstre e reforce a compreensão do projeto em questão.
- Objetivos de design claramente identificados.
- Uma descrição de como a consultoria planeja iniciar o estudo. Isso deverá ser detalhado, pelo menos para a primeira etapa, listando as atividades que serão executadas. As etapas subsequentes podem ser menos detalhadas, porém devem ter uma estrutura lógica ao completar o projeto.
- Uma estimativa de custos. Para a primeira etapa, deverá ser fornecida uma soma exata, incluídos custos antecipados e despesas. Devem ser fornecidas estimativas para as etapas subsequentes, além de uma estimativa geral para o projeto completo, incluídas todas as despesas adicionais previsíveis.
- Um cronograma, detalhado e seguro para a primeira etapa e com estimativas para as etapas subsequentes. Um cronograma claro permite ao cliente compará-lo com seu cronograma próprio para o produto, e, se feito adequadamente, mostra efetivamente o profissionalismo da consultoria.

Um documento como este pode ser preparado de forma adequada e ser elaborado com a inclusão de ilustrações ou de exemplos de trabalho anterior. Demonstrará a natureza e a qualidade da consultoria. Um toque original pode sugerir um tom de pensamento criativo da consultoria. Um documento mais preciso ou técnico sugere um modo mais pragmático de pensar. Se o documento for excessivamente elaborado, pode levantar questões do uso do tempo pela consultoria, que em última instância será pago pelo cliente.

Estudos de caso em um portfólio são uma forma comum de os escritórios apresentarem seu trabalho anterior. Se forem acompanhados de um briefing geral, servem para que o cliente tenha uma compreensão melhor dos estudos de caso e uma oportunidade de julgar o trabalho. De outra forma, os clientes não saberão balancear o trabalho em termos estruturais ou gráficos, se são projetos para uma marca nova, para um caso específico etc. Se for um trabalho de redesenho, deve haver sempre uma ilustração do antes e do depois, desconfie se não houver.

Uma proposta normalmente lista as pessoas de contato com o escritório. Melhor será conhecê-las pessoalmente. As apresentações de proposta são o formato que os escritórios utilizam para ilustrar sua competência por meio dos estudos de casos anteriores constantes em seu portfólio. Esta apresentação dá dicas sobre a natureza da empresa. Embalagem pode ser uma das mais importantes áreas da empresa e é vital ter a equipe certa. É essencial observar por baixo do brilho do marketing do escritório e encontrar os valores centrais da consultoria, e isso se obtém conhecendo os membros da equipe que trabalharão nesta conta. Os clientes podem estar pagando pela criatividade, mas os projetos não terão sucesso se não existir entendimento entre todas as partes.

Designers *freelancers*

Muitos designers de grosso calibre trabalham como *freelancers* por uma série de razões, alguns somente porque amam a liberdade de ter controle sobre seu destino, outros pela variedade de projetos que encontram. Pode ser uma forma precária de vida, ter que procurar por novo trabalho sem ter uma fonte regular e constante de renda. Frequentemente, os designers *freelancers* se especializam e têm demanda constante de seus serviços. As consultorias utilizam-se de designers *freelancers* pelas suas habilidades especializadas, mas também para acelerar o tempo de entrega de projetos quando os prazos são curtos. Os custos estão diretamente relacionados ao tempo empregado, e não há sobras disponíveis; desta forma, os designers *freelancers* oferecem um método eficiente em termos de custos de se ampliar temporariamente a força de trabalho. Os honorários de *freelancers* variam de acordo com as suas habilidades, experiência e reputação pessoal. Em seu relatório anual, Design Week (de 23 de outubro de 2003), os custos orçam entre 25 e 40 libras por hora ou 220 e 400 libras por dia. Designers *freelancers* estabelecidos podem ter uma boa vida e designers individuais com uma experiência comprovada podem ser convocados diretamente pelos escritórios de design. Se um projeto requerer ilustração, por exemplo, o escritório sabe quem contratar. Agências de recrutamento mantêm um cadastro de designers e outros especialistas e ficam felizes de indicar profissionais adequados para projetos determinados.

É mais raro que fabricantes utilizem-se de designers *freelancers*, talvez por suas estruturas não estarem adaptadas a eles. Devem porém considerar que o emprego de profissionais especializados e com competência por um curto tempo pode fazer avançar rapidamente um projeto.

Universidades

As universidades podem ser uma fonte formidável de *input* de design, muitas vezes desdenhada pelo setor comercial. Não apenas oferecem uma fonte de talento jovem, mas também um corpo docente experiente, muitos deles com vivência na indústria. Além de ter acesso a designers em nível de graduação e pós-graduação, é sempre possível que especialistas da instituição possam prover uma expertise em uma gama ampla de assuntos. Se o projeto necessitar de um expert em psicologia infantil ou talvez em engenharia ou ciência de materiais, eles podem ser encontrados na universidade. Este nível de especialização não tem paralelos em consultorias comerciais convencionais. Os recursos físicos de uma universidade são também sem precedentes e excedem as de seus correspondentes comerciais. Oficinas equipadas e facilidades de prototipagem rápida são encontráveis como serviços disponíveis a clientes industriais que escolhem trabalhar com equipes baseadas em universidades.

Para a maioria dos clientes, entretanto, a atração maior é o acesso a mentes abertas do talento de designers iniciantes. Isto pode ser atingido de diversas formas e em níveis diferentes:

- projetos de estudantes da graduação;
- projetos de pesquisa de pós-graduação, que inclui participação de orientadores;
- consultoria comercial.

Um projeto de graduação tipicamente inclui uma empresa estabelecendo um briefing para um grupo de estudantes. Este será parte de seu trabalho em classe, já que projetos necessitam atender a critérios acadêmicos, o que requer que a empresa e os professores orientadores concordem no conteúdo e no cronograma. Os estudantes se beneficiam de estar trabalhando em uma tarefa e com clientes reais para criar produtos e embalagem que irão na sequência para a produção. Isto é educacionalmente válido, já que o estudo simula uma prática comercial, começando com um briefing formal do cliente, seguido de visitas a locais de produção, uma crítica na apresentação intermediária e uma apresentação final onde os estudantes têm que mostrar a que vieram. Embora a empresa-cliente tenha que utilizar seu tempo e esforço para montar o briefing do projeto, os benefícios disso podem ser substanciais. Em um grupo de 30 estudantes podemos ter 30 soluções de design trabalhadas e apresentadas. Da empresa-cliente se espera que faça uma contribuição em dinheiro, além de prêmios para os estudantes cujo trabalho seja julgado de alto padrão tanto por eles como pelo corpo docente. Estas contribuições financeiras são normalmente pequenas A Universidade de Sheffield Hallam opera desta forma há muitos anos no seu curso de especialização em design de embalagens, com sucesso para seus alunos e clientes. Designs de estudantes foram produzidos e empresas clientes empregaram seus alunos com sucesso.

Empresas que necessitem de soluções de longo prazo para problemas de investigação em novos materiais, métodos ou conceitos optam por programas de pesquisa e pós-graduação. As universidades são razoavelmente flexíveis quanto à estrutura destes programas e efetivamente desejam trabalhar em cooperação. Normalmente, um ou mais pesquisadores devem conduzir a pesquisa em colaboração estreita com a empresa-cliente. Há inclusive programas que se destinam a financiar estas pesquisas com subsídios do governo, por meio de financiamento para pesquisa. As empresas não devem hesitar em contatar as universidades com suas solicitações.

O financiamento da educação superior é um tema polêmico e não é o assunto deste livro. Mesmo assim, a maioria das universidades, públicas ou não, está interessada em complementar seus orçamentos oferecendo a venda de serviços. Nas instituições onde o design é uma área de ensino, isto pode incluir a criação de serviços de consultoria, abordando linhas de interesse comercial. A estrutura que prestará esses serviços depende da política individual de cada instituição. Algumas são operações estabelecidas, em sua maioria consultorias semi-independentes ligadas às universidades, mas responsáveis financeiramente por sua performance e administração. Outras são ligadas e financiadas pela universidade, mas que devem se manter a partir de uma renda gerada pela consultoria. Independentemente de sua estrutura, as consultorias das universidades podem oferecer os mesmos serviços de suas concorrentes comerciais, mas também têm acesso ao *input* dado pelos estudantes, à expertise das disciplinas da universidade e aos seus amplos recursos físicos e laboratoriais.

Uma iniciativa universitária notável é a Packaging Partnership, um departamento da Universidade de Sheffield Hallam; seu website é www.thepackagingpartnership.com. É uma consultoria de design comercial nascida dos cursos de graduação e pós-graduação oferecidos pela universidade. Sua função original, ditada pela estrutura de financiamento, era trabalhar com pequenas e médias empresas de South Yorkshire e Humberside. Mesmo tendo relações com a indústria local, eles trabalham agora no âmbito nacional. Sua equipe de profissionais e ex-alunos oferece serviços de design gráfico e estrutural, além de design de web, multimídia e de produtos. A habilidade dos especialistas deste campo e sua capacidade de envolver estudantes fazem esta iniciativa ser mesmo especial. Faraday Packaging Partneship, que não deve ser confundida com a Packaging Partnership, é resultado de um consórcio de três universidades – York, Leeds e Sheffield – em conjunto com Pira. Seus objetivos são primariamente ligados aos aspectos científicos e técnicos da embalagem e seu website é www.faradaypackaging.com.

Estes projetos, baseados em universidades, ainda têm que desafiar o poder das consultorias muito bem estabelecidas, mas elas já representam um sopro novo no mundo do design. Com uma oferta um tanto diferente de produtos e com uma indústria solicitando novos talentos, elas certamente farão alguma marola nos próximos anos.

Fornecedores de embalagens

Os fornecedores de embalagem podem oferecer serviços de design em suas áreas de atuação. É certo dizer que sua expertise se origina quando um conceito tiver sido estabelecido. Utilizando seu conhecimento em profundidade de materiais e processos, eles podem assegurar que as soluções de design possam ser eficientemente produzidas. Nos anos recentes, há um fortalecimento das atividades de design nos fornecedores de embalagem, especialmente quando há um desejo de ampliar seu espectro de produção.

Muitos fornecedores, fabricantes ou conversores se conscientizaram que passaram a fazer apenas parte do mercado de *commodities*, competindo apenas por preço. Criando novas formas de embalagens, eles estão efetivamente criando seus produtos especiais, e com isto criando seu mercado especializado. Em conjunto com o fato de permanecerem competitivos, isto fez com que os fornecedores incrementassem as atividades de design e o conhecimento gerado ampliasse suas atividades. As empresas de embalagem, como a Corus e a SCA, em conjunto com organizações como a Glasspac, são muito ativas encorajando design por meio de concursos de design tanto a nível estudantil ou comercial. Seu entusiasmo e visão são bem-vindos em toda a comunidade de design.

Fornecedores de embalagem foram pioneiros nos avanços tecnológicos como CAD CAM (projeto e produção assistida por computador), por exemplo, não apenas para reduzir tempo de introdução, mas também para visualizar conceitos, tanto na tela como em *mock-ups* de embalagens. Fechos podem ser executados por técnicas de prototipagem rápida e amostras de cartonagem podem ser cortadas *a laser*. Eles têm competência para serem utilizados como fornecedores de serviços de design em suas áreas de atuação. Se um fornecedor for sua fonte de design, o departamento de marketing do cliente tem que ser muito específico nas suas exigências. Se, de outra forma, uma consultoria for seu fornecedor de design, é uma grande vantagem ter um representante do fornecedor em sua equipe de design.

3

escrevendo um **briefing**

Por que um briefing?

Um briefing completo e preciso é um elemento-chave para um estudo de design de sucesso. O progresso pode ser medido pelo briefing e será consultado por todo o tempo de projeto, tanto por designers como clientes. Alguns projetos fracassam ou falham inteiramente por causa do briefing imperfeito ou porque mudanças são feitas nele antes do projeto estar completo. É importante que isso seja compreendido de forma correta. Este capítulo é dirigido ao pessoal de marketing que pretende trabalhar com uma equipe de design em um projeto de embalagem. Também é relevante a designers, que podem ter que interpretar as intenções do cliente que serão incluídas em um documento de forma que todos os envolvidos possam concordar com os objetivos a serem atingidos pelo projeto. Aqui, os propósitos e benefícios de se formular um briefing:

- Cristalização do pensamento: escrever um briefing proporciona a oportunidade de se pensar consistentemente sobre uma nova embalagem ou sua revisão. É um exercício esclarecedor em si mesmo, desafiando as relações entre produto, embalagem, ponto de venda, comprador, consumidor e da embalagem como descarte.
- A identificação de objetivos e limitações: escrever um briefing assegura que os objetivos tenham sido considerados de forma própria. Sempre haverá limitações, talvez por causa da natureza do produto, dos limites de custos da produção. Colocá-lo no papel esclarece os objetivos e as limitações do projeto desde seu início.
- Comunicação: o briefing é uma comunicação a todos os outros envolvidos no estudo, formando-se uma base para se checar o progresso e julgar o sucesso ou o fracasso. Como com todas as comunicações, ela deve fazer sentido. O que parece óbvio para um cliente familiar com o produto e o mercado pode não parecer tão óbvio para a equipe de design. Todo o potencial de confusão deve ser eliminado e toda a terminologia e jargão devem ser esclarecidos.

- Comparação: um briefing proporciona uma constante que pode ser utilizada para comparar e verificar cotações fornecidas.

Um briefing deve ser realista nos seus objetivos e não exagerado a ponto de ser impraticável. É compreensível para a equipe de marketing querer atingir as estrelas, mas o briefing deve estar dentro das possibilidades de compreensão das pessoas. Objetivos que demandem que um design de embalagem torne um produto em líder de mercado só serão válidos se tiverem uma possibilidade real de acontecer. Um briefing não é uma lista de desejos, mas uma avaliação potencial realista. Pode ser comparado a escrever uma avaliação pessoal de um carro novo. Podemos desejar a performance, o prestígio e a elegância de um Porsche, mas temos que nos contentar com um automóvel normal que possa acomodar nossa família, nosso cachorro e nosso orçamento. Escrever um briefing significa tomar decisões a respeito do que é alcançável e do que é desejável.

Um briefing deve indicar quão aberto é o projeto ao pensamento novo radical, e sendo assim o que significa "radical". Suponhamos que um fabricante de bebidas energéticas busque uma nova maneira radical de embalar seu produto e lhe sejam apresentadas umas cápsulas contendo o líquido em um tubo. Ele pode ficar encantado ou decepcionado, pois talvez ele esteja querendo apenas uma nova forma para a garrafa. É importante estabelecer parâmetros logo no início, senão o projeto pode ser desperdiçado explorando becos sem saída. As páginas (31-34) contêm um *checklist* útil e que ajudará na elaboração do briefing. Nem tudo nesta lista é aplicável em cada estudo, mas todos os pontos devem ser considerados antes de serem considerados relevantes ou rejeitados por serem inapropriados. O *checklist* ajuda a cristalizar o pensamento e pode levantar itens difíceis que serão tentadores de se ignorar. Pode valer a pena considerar itens aparentemente periféricos, já que podem proporcionar melhores *insights* sobre o produto, a embalagem e o mercado. Se todos os pontos do *checklist* forem considerados, o briefing será um documento longo e completo. Isto é excelente como fonte de referência, mas será detalhado demais para ser dado como documento inicial à equipe de design. Obtidos todos os fatos, estes podem ser depurados em uma forma mais concisa que enfatize os pontos principais. Este será o documento de trabalho e a versão completa deverá ser acessada quando houver necessidade de responder a perguntas específicas.

Checklist para elaborar um briefing

Seção 1:
Dados de mercado

Tipo de design

Produto novo

Redesign ou atualização

Integração de linha ou extensão

Evolutivo ou revolucionário

Objetivo

Comprador, consumidor, usuário final, decisão do comprador

Definido por

- Idade
- Gênero
- Grupo socioeconômico
- Estilo de vida
- Características principais

Mercado

Definido por

- Tamanho, volume, valor atual, tendências atuais
- Marcas e participação da marca
- Sazonalidade, ocasiões
- Regional, nacional, internacional
- Distribuição, varejo, atacado, pontos de venda

Produto

Definido por

- Natureza, tipo
- História
- Participação da marca
- Produtos concorrentes
- Lealdade de marca
- Motivação de compra
- Estratégia de direitos
- Publicidade e promoção planejadas
- "Vacas sagradas"

Requisitos do consumidor

Definidos pela importância de

- Presença
- Quantidade, tamanho, volume e/ou peso
- Estilo de embalagem apropriado ao produto

- Impressões de tamanho e valor pelo dinheiro
- Conformidade com setores de mercado existentes
- Formas associadas, estilos e cores de embalagens
- Inspeção e manipulação antes da venda
- Originais e instruções de uso
- Benefícios e detalhes de valor agregado
- Portabilidade e facilidade de uso
- Armazenagem e vida em uso
- Abrir, fechar e relacrar
- Dosar e/ou verter
- Proteção contra acidentes do produto
- Pós-uso
- Evidências de falsificação, resistência às crianças
- Preocupação ambiental

Seção 2:
Dados técnicos

Requisitos técnicos de produtos

Compatibilidade de produtos com materiais

Vida de prateleira e características de deteriorização

Quantidade, tamanho, volume e/ou peso

Requisitos para o produto ser protegido contra

- Líquidos e umidade
- Gases e odores
- Contaminação microbiológica
- Extremos de temperatura
- Infestação
- Luz UV, luz artificial
- Danos mecânicos por manipulação, transporte ou armazenagem

Requisitos de produção

Necessidade de utilizar uma fábrica existente

Maquinário e fábrica existente

Oportunidade de introduzir novos processos e maquinário

Facilidades *in house*, impressão e procedimentos

Quebra da estrutura de custos de

- Preenchimento e enchimento
- Fechamento e lacre
- Pesagem
- Rotulagem e impressão
- Inspeção
- Comparação e sobre-empacotamento

Requisitos de armazenagem

Métodos de armazenagem
Tipos de paletes e dimensões
Altura de pilhas e pesos
Tempo de armazenagem
Oportunidades de padronizar as caixas de despacho
Padrões ótimos de carregamento de paletes
Sistema de identificação de paletes

Requisitos de transporte e distribuição

Encomenda por correio e serviço de internet
Vendas por atacado
Centro de distribuição
Varejista
Entrega direta
Bens variados
Carregamento lateral ou final

A cada estágio onde aplicáveis, dados de

- Tempos de armazenagem
- Necessidade de divisibilidade
- Métodos de carregamento de veículos
- Identidade de embalagem e de paletes
- Segurança ou medidas antifurto e rastreio eletrônico

Requisitos de merchandising

Compatibilidade de tamanho com acessórios
Uso de planogramas
Tamanhos de cartões e configurações EuroSlot
Necessidade para exame tátil da mercadoria exibida
Necessidade para área de marcação de preços
Posição de *display,* prateleira, cabeça de gôndola, balcão, vitrine, etc.

***Para todos os locais de* display**

- Posição relativa à altura do olho (acima, abaixo)
- *Display* por tipo de produto ou marca
- Painéis de orientação, frente, lado, costas, topo
- Requisitos de transporte e distribuição
- Níveis de iluminação no ponto de venda

Requisitos para impressão e decoração

Número de cores e verniz
Área disponível para impressão

Métodos de impressão
Materiais
Duração da impressão
Texto adicional e flashes promocionais no futuro
Texto multilingue
Códigos de barra, de segurança, e de lote
Área de sobreimpressão, datas de validade
Requisitos especiais de topo, base, laterais, etc.
Identificação com publicidade
Implicações de custo

Seção 3: Requisitos legais, obrigações mandatórias e códigos de prática

Requisitos legais
Nacionais, Com. Europeia, internacionais
Códigos de prática
Para cada nível
- Pesos e medidas
- Dados do conteúdo, tamanho e ordem
- Nome do distribuidor, fabricante, endereço, contato
- Ilustrações enganosas, queixas sobre produtos
- Requisitos para produtos perigosos, símbolos
- Símbolos obrigatórios
- Materiais ou tintas restritas

Requisitos ambientais
Níveis mínimos de embalagem
Utilização mínima de energia
Monomateriais e facilidade de separação de materiais diferentes
Considerações de reciclagem e reúso
Descarte
Uso de símbolos
Sem reivindicar superioridade ambiental

Seção 4: Considerações comerciais

Requisitos de compra
Fornecedor restrito ou favorecido
Quantidade de embalagem e dados de custo
Embalagem contratada

Administração
Tempo/cronograma
Orçamento
Pesquisa – revisão da existente e planejamento de nova pesquisa
Implicações da publicidade
Estudos associados, como caixa de despacho para o ponto de venda

Não há substituto para um briefing verbal pelo cliente, já que ele comunica o tom do projeto a ser desenvolvido. Ajuda também se forem incluídos neste briefing alguns exemplos do produto e se forem ilustrados com produtos competidores e formas de embalar alternativas. Os clientes podem sinalizar seu pensamento mostrando exemplos físicos de embalagens que eles detestem ou admirem, o que estimulará o pensamento da equipe de design muito mais do que um relatório apenas por escrito. O acesso ao cliente é o estágio inicial que encorajará os designers a fazer perguntas e as respostas do cliente podem prevenir que o trabalho de design tome direções erradas. O acesso ao cliente também leva a um trabalho em equipe, de forma que designers e cliente estejam comprometidos com o projeto e sintonizados a apresentar soluções efetivas.

Seguindo-se ao briefing, algumas empresas de design podem produzir folhas de controle que detalhem as atividades de projeto e designando profissionais a tarefas específicas. Isto também ajuda a equipe de design a trabalhar dentro do orçamento, sem desperdiçar tempo em áreas periféricas ao estudo. Extrair as informações do *checklist* para elaborar um documento de trabalho pode ser objetivo, mas pode também dar alguns problemas. Os parágrafos a seguir tratam de natureza destes problemas e como poderão ser evitados, tornando o briefing útil à equipe de design.

Objetivos do design de embalagem

A convenção dita que todos os objetivos devem ser precedidos da palavra 'para'. Isto é mais simples do que parece, pois ajuda as pessoas a focalizar no que interessa, e força o autor do briefing a pensar em termos bem específicos; cada um deles deve ser sucinto e direto ao ponto. Se forem vagos demais, eles podem "embaçar" em vez de "clarear", tornando o projeto sem um fim específico e os resultados difíceis de julgar. O objetivo de "vender mais produtos" pode ser o que o cliente deseja em última análise, porém é de pouca ajuda para os designers. É necessário que seja mais preciso e mensurável. O objetivo de "aumentar a visibilidade em comparação com a concorrência conhecida" dá uma certa direção mais precisa e promove uma base tangível para se julgar o sucesso. Aqui novos designs podem ser comparados com designs de competidores conhecidos e um diálogo pode ser estabelecido a fim de medir se isto foi ou não atingido. Será um erro incorporar objetivos demais, particularmente se isto envolve requisitos conflitantes. Briefings que pedem um aumento de visibilidade, redução de custos, aumento de benefícios para o consumidor e economia no manuseio etc. começam a ameaçar a criatividade. Por onde a equipe inicia?

Mantenha os objetivos do briefing claros e faça com que se refiram a resultados que possam ser medidos, mesmo que estes resultados sejam subjetivos. É difícil medir a efetividade de imagens, a não ser por avaliação visual ou por opinião. Isso encorajará o pensamento criativo e permitirá a designers candidatos serem avaliados por meio de sua habilidade em atingir os objetivos. Alguns podem se sobressair por atingir os objetivos primários, mas podem ser mais caros do que uma outra solução, e por aí afora.

Dados do mercado

Os *checklists* permitem uma análise precisa do público-alvo e do mercado onde estes produtos serão vendidos. Isso é uma área crítica do briefing, e os designers necessitam dados acurados a fim de desenvolver um entendimento para quem está desenhando. A familiaridade com o público-alvo deve ser alimentada e deve crescer a tal ponto que os designers "conheçam" as pessoas e o que as motivam. Os clientes têm esta informação, mas têm de se comunicar com a equipe de design efetivamente, de outra forma os designers não estarão resolvendo o problema certo.

A competitividade entre as marcas é intensa, e o conhecimento do mercado é vital. Os designers podem não ser familiarizados com o mercado de categorias específicas de produtos e se valerão do briefing para se informar a respeito. Ele deve conter informações sobre a fragmentação de marcas, marcas líderes, e qualquer informação inteligente sobre os movimentos do competidor. Amostras de produtos e fotos são formas mais estimulantes de informar aos designers do que se fiar apenas em informações por escrito. Embora as informações sobre o mercado atual sejam vitais, tendências e previsões futuras também devem ser consideradas. Tendências sociais e mudanças na ação do Estado podem parecer resultar em itens de longo prazo, que provavelmente estão fora do tempo de vida de uma nova embalagem. Entretanto, ser o primeiro no mercado com algum detalhe novo ou inovador que siga ou sinalize estas tendências proporciona uma oportunidade de crescer no segmento do mercado. Certamente, é inteiramente válido e desejável se incluir um cenário futuro no briefing.

As barras de cereais foram introduzidas como uma alternativa saudável às barras de chocolate, mais indulgentes. A ênfase na época de sua introdução foi na natureza saudável do produto e as embalagens foram desenhadas para enfatizar isso. Seguiu-se a uma tendência de vida mais saudável. Mas uma tendência paralela foi ignorada: um crescente segmento de pessoas com pouco tempo não tomava mais o café da manhã nos dias de trabalho. A barra de cereal provê uma solução portátil. Se este setor do mercado tivesse sido o alvo, o design da embalagem poderia ser bem diferente.

Alguns produtos são sazonais como os ovos de Páscoa, mas mesmo isso pode ser questionado. A Cadbury, por exemplo, vende ovos de chocolate durante o ano todo. O processo de trabalhar por meio de *checklists* deve ajudar a questionar qualquer preconceito a respeito do produto e seus mercados aparentes.

Um fator-chave no design de embalagens é saber quem faz a compra e quem pode influenciar a decisão de compra. O cenário mais comum onde isto ocorre é com produtos para crianças. Enquanto os pais compram, as crianças podem influenciar a escolha do produto e a marca. Aqui a embalagem deve apelar à criança enquanto reafirma aos adultos que o produto seja nutritivo, gostoso e valha o seu valor em dinheiro. A publicidade de produtos alimentícios ligeiros (*snack*) na televisão nos horários de pico vistos pelas crianças tem recebido críticas consideráveis por promover produtos com alto nível de sal e gordura. Com as preocupações cada vez maiores com o item da saúde da criança, particularmente com relação ao crescimento da obesidade, é provável que seja proibida a veiculação de publicidade destes produtos nos horários vespertinos. Além disso, as autoridades de saúde da Grã-Bretanha estão ansiosas por ver este tipo de alimento removido dos *checkouts* dos supermercados. Quando as famílias ficam na fila dos *checkouts* os *displays* de doces e *snacks* podem encorajar as crianças e exercer seu "lado peste" nos adultos. Se esta situação continuar, talvez tenhamos que antecipar uma revisão no design da gráfica empregada para atingir as crianças em uma escala maior. Por outro lado, pode ser que uma nova geração de produtos mais saudáveis seja introduzida que ainda utilize embalagem com apelo infantil, mas que seja conduzida por experts em saúde. O posicionamento do ponto de venda é um fator crítico em qualquer design de embalagem. É aqui que o produto competirá pela atenção do consumidor, de forma que designers necessitam entender as condições do ponto de venda de modo a atender a questão básica de assegurar atenção. Isto permite aos designers trabalhar não apenas uma embalagem, mas considerar o impacto de múltiplas embalagens onde o design, como um todo, seja reforçado.

Nenhum design de embalagem pode ter sucesso sem que se entenda completamente o produto. Informação técnica pode ser necessária mais tarde, mas neste estágio há a necessidade de dados do mercado, da natureza do produto, como é utilizado e quais seus concorrentes.

Além de se olhar para o futuro, designers podem também rever o passado, dessa forma é útil ter uma perspectiva histórica. Pode ser apenas um painel, onde novas ideias sejam projetadas. Para marcas existentes, a equipe de design vai desejar entender a essência da marca – onde a marca se situa e quais as modificações que se pretendem em sua imagem. A marca é um amigo antigo e confiável ou ela é uma marca dirigida a um imaginário, uma marca com a qual se quer ser visto? A motivação da compra deve ser explorada. O impulso é da marca ou é do produto, ou simplesmente é um bom produto pelo seu valor? Frequentemente, é um exercício válido identificar e analisar os produtos concorrentes. As vantagens e desvantagens da marca do cliente comparadas com as dos concorrentes devem ser destacadas em termos de valor do produto e de apresentações da embalagem.

Os administradores de marca são certamente os protagonistas entusiastas de seus produtos e marcas, entretanto seu entusiasmo pode exceder os atributos realistas do produto. A experiência sugere que um produto inferior não sustenta suas vendas, independentemente da qualidade do design de sua embalagem. Ainda pior, se a equipe de design não estiver convencida dos benefícios do produto em relação aos benefícios do cliente, isto se refletirá em um design não convincente. Os produtos nesta categoria incluíram chocolates de "luxo" destinados ao nível mais alto do mercado, mas que de fato eram ordinários. Um outro exemplo se referia a alimentos de conveniência, que quando cozidos se mostraram não apetitosos, desafiando todas as tentativas de fotografia e de ilustração que proporcionassem algum apelo sem ser culpado de representação falha. Os designers não conseguiam posicionar estes produtos ao lado de produtos melhores, apesar do entusiasmo do cliente assim o querer. Os atributos de um produto devem ser realistas e não exagerados e sempre alinhados com uma posição de mercado possível. O briefing deve sempre ser transparente e honesto.

Os designers devem considerar importante ter pelo menos uma estratégia definida para o desenvolvimento dos originais. Se houver a necessidade de preservar espaço para ofertas promocionais posteriores, a equipe de design deve reservar áreas para isso na embalagem. É mais efetivo em termos de custo fazê-lo no início do projeto de design do que retrabalhar os elementos do design mais tarde. O *checklist* contém os elementos essenciais do trabalho de design que não podem ser postos em questão e, assim, a equipe de design deve saber a respeito deles. Logotipos são o exemplo mais evidente, mas tipografia e cores também podem ser propriedades não negociáveis.

Os dados de mercado incluem a informação dos requisitos dos consumidores, e a maioria dos itens do *checklist* se explica por si mesma. Alguns, entretanto, merecem uma explicação maior. A habilidade de manipular produtos antes da venda pode ser importante entre certas categorias de produtos. Ela permite ao consumidor saber que o produto é adequado, mas inicia o diálogo entre o consumidor e a marca. É reconhecido que o envolvimento do consumidor é um importante precursor ao se tomar uma decisão de compra, puxando o consumidor para uma marca. Papel abrasivo (lixa) é um exemplo. A descrição do produto nas suas granas – grossa, média ou fina – não substitue o sentir o produto. Mesmo que ligeiramente técnicas, as descrições têm mais significado para os fabricantes do que para a base de seus clientes potenciais. Permitir ou encorajar a interação com os produtos compromete e informa. Há uma percepção de honestidade e de confiança com um produto ou marca que permita interação – não tem nada a esconder. Esta técnica pode ser um problema para os designers tentando preservar a integridade do produto, mas é um valioso fator a ser utilizado sempre que possível.

Deve-se considerar ainda outros benefícios ao consumidor. Qualquer coisa que faça a embalagem ser mais fácil de usar, de servir, de carregar, de abrir ou de fechar novamente é uma vantagem de marketing. Se este detalhe for óbvio antes da compra, ainda melhor, já que está promovendo ativamente uma razão para selecionar a marca. Detalhes sutis descobertos após a venda também contribuem para experiência do consumidor promovendo uma compra repetida. Incorporar benefícios ao consumidor funciona somente se estes benefícios forem reais. Bicos de servir que emperram, se desmancham ou entopem com o produto não contribuem para uma boa experiência do consumidor. É muito fácil o consumidor evitar estes produtos levando sua lealdade a outro. Fabricantes quando ignoram estes fatos correm riscos. Os mercados são extremamente competitivos e lealdade a marcas é transitória.

Os consumidores na Grã-Bretanha têm demonstrado preocupação na compra de produtos com os aspectos ambientais. Alimentos orgânicos estão crescendo, apesar dos preços mais salgados, e consumidores insistentemente se recusando a apoiar colheitas modificadas geneticamente, para o incômodo de parte do governo e da indústria. Isso demonstra como o poder do consumidor pode operar sobre o mercado e como os consumidores estão informados a respeito destes assuntos. De fato, tomar uma decisão positiva quanto à compra de produtos orgânicos ou evitar produtos contendo ingredientes geneticamente modificados exige apenas um sentimento de incômodo ante as alternativas. Consumidores não necessitam de argumentos detalhados e podem simplesmente ter suspeitas dos motivos e do comportamento do lobby dos fazendeiros/fabricantes dos geneticamente modificados. Mesmo os argumentos do governo batem no chão, já que a confiança no governo está em baixa inédita. Isso foi colocado pela pesquisa conduzida pelo The Henley Centre (relatório Trust and Media, 2002), que mostrou o declínio da confiança institucional de 1983 até 2000. Durante este período, a confiança no Parlamento caiu de 54% para 15%, a confiança no serviço público caiu de 46% para 22%, enquanto que a confiança na Justiça caiu de 58% para 24%.

Comparada à Alemanha, a consciência ambiental quanto à embalagem começou lentamente na Grã-Bretanha, mas está pronta para crescer nos próximos anos. Da mesma forma com a produção orgânica, a percepção do consumidor sobre os níveis de embalagem deve se aguçar. É quase essencial se incorporar uma contribuição ambiental no briefing da embalagem. Isso não deve ser direcionado a capturar atenção dos ambientalistas, deve sim expressar um desejo genuíno de reduzir o incômodo da embalagem. Consumidores apreciam embalagem por suas vantagens e pela habilidade de manter o frescor do produto, mas não se impressionam pelo exagero no embalar. Níveis mínimos de embalagem devem ser procurados a fim de manter a integridade do produto, mas também com o propósito de satisfazer a percepção de adequação ambiental.

Dados técnicos

Pode parecer óbvio que os materiais da embalagem devem ser compatíveis com o produto que ela contém, entretanto, durante o estudo do design da embalagem, o designer pode considerar uma grande variedade de formas de embalagem sem um conhecimento detalhado do produto. Uma pesquisa mais ampla sobre tipos de materiais, sem restrições práticas, encoraja a criatividade, mas não deve progredir demais antes de se considerar a compatibilidade destes materiais. Os fabricantes de embalagem podem fornecer informação de compatibilidade sobre seu catálogo de materiais que servirá de guia geral (Tabela 3-1) e os formuladores químicos do cliente ou o departamento de desenvolvimento do produto fornecerão os dados do produto.

Tabela **3-1**

Compatibilidade de plásticos

Produto	PEBD	PEAD	PP	PVC	PET	PS
Anticongelante (Glicol Etileno)	2	1	1	1	2	1
Óleo de cânfora	X	X	X	2	?	2
Detergentes	2	1	1	2	2	2
Amaciante de tecidos	1	1	1	1	2	2
Polidor de móveis	2	2	1	1	1	2
Óleo de limão	X	X	2	1	2	X
Óleo lubrificante	1	1	1	1	2	2
Limpa-vidros	2	1	1	1	2	2
Álcool etílico	2	1	1	1	1	2

Notas: 1 = satisfatório, 2 = provavelmente satisfatório, x = não compatível, ? = informação não disponível, PEBD = Polietileno de baixa densidade, PEAD = Polietileno de alta densidade, PP = Polipropileno, PVC = Poli(cloreto de vinila), PET = Poli(etileno tereftalato), PS = Poliestireno.

Fonte: Institute of Packaging

Não há como este livro prover uma informação completa sobre compatibilidade, que varia de material para material e de produto para produto, porém há algumas considerações importantes sobre plásticos. Solventes ou produtos baseados em óleo têm uma tendência a migrar através das paredes dos contêineres de Poli(cloreto de vinila) (PVC), Poli(etileno tereftalato) (PET) e de Polietileno de baixa densidade (PEBD), causando um abaulamento que deforma o contêiner gradualmente em determinado período de tempo. A migração do produto para o contêiner de plástico é um problema, mas também há a migração do contêiner de plástico no produto. Este "vazamento" pode ter sérias consequências, particularmente se o produto for alimento. Mesmo que o material plástico seja inerte em sua forma pura, plastificadores, estabilizantes e lubrificantes são frequentemente adicionados à matéria virgem para facilitar a moldagem e o processamento. Adicionalmente, corantes, pigmentos metálicos ou perolados podem ser adicionados à matéria-prima para proporcionar o necessário grau de efeito na superfície. Alguns destes componentes contêm estanho, zinco e outras substâncias químicas tóxicas que podem contaminar o produto. Uma marca de suco de laranja foi retirada do mercado por conter alto grau de contaminação de estabilizadores de estanho.

Há legislação que rege os materiais em contato com alimentos, mas problemas similares acontecem em áreas não alimentícias. Um xampu para recém-nascidos também foi considerado contaminado e neste caso havia o risco que o recém-nascido fosse contaminado absorvendo produtos químicos pelo couro cabeludo. Os fabricantes de plásticos são bem versados neste tipo de problema e capazes de oferecer materiais compatíveis para uma gama grande de produtos. No caso de produtos complexos, um teste específico de compatibilidade talvez seja necessário. Isto pode consumir tempo e o cronograma de lançamento pode requerer tempo, e o orçamento, ajustes para acomodá-lo.

Uma das características que a indústria da embalagem divulga é a capacidade da embalagem de prolongar a vida de prateleira do produto. Desde a introdução da lata de três peças, a embalagem ofereceu ao consumidor uma crescente escolha de preservação de produtos. Mas a maioria dos produtos degrada um dia e os designers necessitam entender as causas e saber o quanto um produto necessita de proteção ou preservação. Isto também se relaciona a condições climáticas que a embalagem vá suportar durante seu ciclo de distribuição. Embalagem de alimentos é especialmente importante, pois alimento deteriorado pode causar doenças. Outras categorias devem ser consideradas de forma similar. Um bico ajustável em um design novo de uma embalagem de óleo para motores, em Polietileno de alta densidade (PEAD), por exemplo, provou dar um beneficio real ao consumidor quando testado na Grã-Bretanha. A mesma embalagem falhou em condições de clima frio da Escandinávia, onde o bico simplesmente se soltava durante o uso.

Testes feitos por especialistas podem ser necessários para assegurar que a embalagem tenha performance satisfatória para umidade, vapor, e permeabilidade a gases em quaisquer condições climáticas a que ela possa ser submetida. Testes também podem ser requisitados para estabelecer se produtos alimentícios, particularmente os de alto grau de gordura, retêm odores ou paladares indesejados da embalagem. O chocolate é afetado por isso particularmente.

Em um mercado competitivo, o fator tempo até a comercialização (*time to market*) é cada vez mais importante. Fabricantes querem desenvolver novos produtos rapidamente e roubar fatias de mercado de competidores. O design de embalagem pode ajudar nisso, mas, se houver uma mudança radical dos padrões atuais, que signifique usar novos materiais, o tempo para estabelecer a compatibilidade entre produto e embalagem deve ser considerado no cronograma de lançamento.

O briefing deve considerar as exigências para se utilizar as facilidades de produção existente ou o estabelecimento de novas máquinas ou fábrica. Se a aplicação de capital estiver fora de questão, qualquer novo projeto de embalagem deve se ater a facilidades de produção existente. Se este for o caso, o briefing deve ser claro desde o início, senão serão consideradas formas de embalar que não terão futuro. Utilizar maquinário existente pode limitar o escopo do projeto de design, mas não deve prejudicar a criatividade. Desenvolver uma solução para uma embalagem dentro de limitações de produção pode ainda ser criativo. Ela requererá discussão com a equipe de produção que, em alguns casos, tem suas próprias ideias e pode precisar do designer catalisador de fora para ajudar a deflagrar a mudança.

Em um lado do espectro, os designers estarão trabalhando em designs de embalagem pensadas para venda de produtos em unidades. Toda a ênfase será colocada na personalidade e nas características do design que são vitais no ponto de venda. No outro lado do espectro – na armazenagem, guarda e distribuição – um critério diferente é aplicado. Aqui buscamos eficiência por meio de um sistema onde padronização, redução de peso e otimização de palete são os critérios de design chave. A maioria dos estudos de design considera a unidade de venda primeiro e depois retorna para os itens de distribuição e avalia os resultados. Há um argumento para reverter isso considerando primeiro os tamanho e configuração ótimos para a embalagem. De fato, deve-se considerar os veículos utilizados no transporte e procurar tamanhos de embalagens que promovam utilização otimizada.

Para empresas multiprodutos, as margens de lucro são baixas e qualquer economia de custos que se ganhe na cadeia produtiva passa a ser contribuição significante na base das folhas de balanço. Nestas empresas a armazenagem deixou de ser apenas guardar produtos. Tornou-se um elemento central e crucial da operação total da empresa. Com oportunidades de expansão limitadas para pontos de venda e uma gama de produtos em expansão acoplada a uma demanda de produtos frescos, as facilidades existentes devem ser utilizadas eficiente e continuadamente. Isto significa marcar o transporte para chegar nas lojas dentro de um tempo pré-agendado, mais ou menos uma meia hora, dentro de um ciclo de 24 horas. Os armazéns se tornaram centros de processamento automatizados, localizados estrategicamente pelo país. Se a padronização, armazenagem, paletização ou o transporte se tornarem elementos críticos, o briefing deve deixar isto bem claro. Isto afetará como o estudo é conduzido, considerando uma unidade de embalagem desde o início ou tendo que se considerar os elementos logísticos em primeiro lugar.

Todos os briefings devem proporcionar detalhes considerando antecipadamente se o posicionamento do produto no ponto de venda deve ser desenhado ou redesenhado. Frequentemente, entretanto, não temos garantia se o que o cliente nos antecipa seja verdade na prática. Uma pesquisa adicional na loja nos dará uma informação mais precisa e certamente revelará, por exemplo, que as embalagens não estão posicionadas com sua frente corretamente voltada para o cliente potencial. Alguns exemplares podem estar empilhados de uma forma diferente do que a prevista no estágio de design. Sacos de farinha ou açúcar são exemplos. Tendo seu painel frontal desenhado com precisão, os sacos são vistos nas lojas pela sua lateral, que não contém nenhuma marca mas apenas um código de barras. Esta situação real, sendo reconhecida, pode ser antecipada pela equipe de design. Quando latas de comida para cachorro são colocadas em prateleiras baixas, os compradores verão apenas as tampas brancas. Isso pode ser contornado imprimindo-se as tampas. Se os designers se concentrassem no corpo da lata, a face mais importante, a tampa poderia ter sido esquecida. Muitas categorias de produtos são pré-empacotadas em bandejas, que se convertem em uma unidade pronta para prateleira. Isso permite que o dono da marca efetivamente controle a mercadoria ou pelo menos parte dela. A orientação do produto passa a não ser mais problema nestas circunstâncias. Entretanto, um outro problema aparece quando os clientes falham em informar os designers que este tipo de merchandising será usado. Mesmo quando a equipe de design concentra seu esforço no desenho do pote, da lata ou outro tipo de unidade contêiner, pode ser que não visualize que a unidade bandeja da mercadoria tem uma borda em toda a volta, de 30 mm aproximadamente, escondendo os elementos de design da unidade contêiner.

Unidades prontas para merchandising são cada vez mais utilizadas nas gôndolas ou *displays* das lojas e antecipa-se que serão cada vez mais comuns. Aqui o dono da marca fornece uma unidade pronta de chão que certamente carregará material promocional. Se este tipo de merchandising for necessário, deve constar no briefing. Desta forma, a equipe de design terá a oportunidade de harmonizar as unidades contêiner e os *displays* correlatos. Poucas vezes se sabe quantas cores serão utilizadas para se obter os resultados de impressão desejados. Se houver máquinas de impressão na empresa, que necessitem ser utilizadas, as limitações já serão dadas desde o início e o trabalho de design deverá se balizar por elas.

Muitos projetos de embalagem são atrasados porque os originais são fornecidos muito tarde. Ou os originais não estão aprovados ou, pior, nem estão escritos. O conceito do design está finalizado e se descobre que o texto é dramaticamente maior do que se supunha. Os originais devem ser fornecidos cedo no processo de design e devem ser finalizados, corrigidos, aprovados. Eles são um elemento do design e devem ser tratados assim. É provável que texto adicional seja necessário mais tarde, o espaço para ele poderá ser criado mais tarde. Isso também se aplica a flashes promocionais ou texto promocional. Há duas escolas a respeito. Uma sugere que os flashes promocionais devem romper com a gráfica principal, conseguindo assim máximo impacto. Um outro modo é incorporar os flashes uniformemente no design geral e manter uma aparência coordenada. Os flashes promocionais que rompem são mais utilizados que os integrados, talvez porque estes não foram previstos no design original. Outras áreas impressas são reservadas para códigos de segurança, códigos de barras ou áreas de sobreimpressão. Estas devem ser identificadas logo cedo no estudo de design de forma a que ele seja flexível para acomodá-las.

É obrigação do cliente assegurar que todos os aspectos legais dos originais estejam contemplados. Estas são áreas onde a fotografia ou ilustração do produto podem ser enganosas. Se frutas completas são incorporadas à embalagem elas devem se referir ao conteúdo do produto. Pode ser uma área de controvérsia entre designers e o cliente, que em último caso necessite ser solucionada por meio de consultoria legal. O escritório pode estar familiarizado com os aspectos legais referentes a informações de produtos sob o ponto de vista legal, como o tamanho das fontes tipográficas para indicar os conteúdos, e mesmo assim as aprovações legais são sempre de responsabilidade do cliente. Todo trabalho de arte-finalização deve ser assinado para aprovação antes de ir para impressão. Isto é cada vez mais difícil nesta época em que artes-finais são geradas eletronicamente. Entretanto, deve-se ter uma prova impressa que permita a assinatura do cliente. Caso o produto tenha que ser enviado para um mercado no exterior, esta obrigação passa também a ser do cliente.

A administração é frequentemente pouco considerada quando se inicia um estudo de design. Prazos são os maiores motivos de se azedar o clima entre designers e clientes. Isso normalmente acontece quando novas mudanças nos originais ou atrasos na fotografia começam a impor problemas reais em prazos acordados previamente. O orçamento começa a ser esticado quando pessoal extra é convocado e horas extras são necessárias. Preparar um briefing completo pode ser trabalho duro que será recompensado por ter reforçado itens que necessitam de atenção e por ter evitado perda de tempo em áreas não produtivas. Ele também traz outros benefícios por permitir um análise completa do produto, do mercado e de direções futuras. É um documento de grande valor para o cliente e para os escritórios de design.

4

planejamento do **projeto**

Planejamento do projeto

A maioria dos projetos de embalagem pode durar meses, especialmente se novo ferramental ou extensas provas de marketing ou de produção forem necessários. Mesmo projetos simples necessitam de planejamento cuidadoso para cumprir com prazos impostos por datas de lançamento de produtos, campanhas publicitárias, provas de impressão e outras atividades. É comum, nos estágios finais e críticos dos projetos, haver pânico, equívocos e custos não previstos no orçamento. Desta forma, paga dividendos fazer-se um planejamento o mais completo possível e estabelecer um cronograma desde seu início. Isto não evitará problemas, porém um cronograma bem estruturado poderá acomodar contingências, dando, em última análise, aviso prévio sobre a necessidade de ação.

Não há dois projetos iguais de embalagem, mas há semelhanças e paralelismos entre projetos. Este capítulo considera projetos simples e complexos, a fim de ilustrar as características que são comuns aos projetos de embalagens. Começamos com o briefing. Este provê a primeira indicação de tudo o que está envolvido, os prazos propostos e como restrições podem afetar o tamanho e tempo de cada etapa do design. O briefing estabelece o cenário, mas não sabe ainda exatamente qual a direção que o estudo vai tomar e que implicações haverá a partir daí. Entretanto, um esboço pode considerar os seguintes fatos:

- Prazos impostos: necessidades sazonais, atividade da concorrência, lançamento de novo produto.
- Trabalho de design: cronograma para o tipo trabalho.
- Possíveis resultados de design: embalagem-padrão, embalagem existente com modificações, embalagem totalmente nova.
- Pesquisa de mercado: se necessário.
- Tempo de produção: fábrica existente, nova fábrica, experiências, constituição de estoque.

Todos os prazos impostos deverão ser reconhecidos pelo departamento de marketing responsável pela elaboração do briefing, incluindo os fatores citados. Se o produto for sazonal, por exemplo, haverá um prazo crítico para sua introdução no mercado. Isto pode estar a três meses de distância. Prazos curtos como este podem dirigir o processo de design, removendo a possibilidade de introduzir novas formas de embalagem que requeiram novo ferramental ou nova fábrica.

O resultado de um estudo de design não pode ser antecipado no seu início, porém o cronograma pode ser determinado. Se frascos soprados são um provável resultado, por exemplo, o prazo para execução do ferramental ditará pelos menos 10 semanas para esta fabricação. De outra forma, se considerar caixas em cartonagem, os prazos podem ser reduzidos substancialmente. Os escritórios de design que estarão cotando seus preços por meio do briefing podem dar orientação baseada em experiências anteriores. Uma regra prática e básica é a de que frascos soprados necessitam um prazo de 12 meses. Não há projetos com prazo em aberto e isso precisa ficar claro desde o início.

Ao longo deste livro farei a conexão entre design e consumidores.Pesquisa de marketing muitas vezes é feita no meio do processo de design para checar diferentes direções de design. Se esta for a intenção, deve-se adicionar tempo considerável ao cronograma. A pesquisa poderá ser feita em uma semana, com os resultados sendo analisados em outra semana, mas ainda o tempo de se trabalhar o material da pesquisa. Isto provavelmente envolve produzir modelos, fotografia e pode estender o prazo em 2 a 3 semanas, mesmo para uma pesquisa simples. Mesmo a entrega de *mock-ups* em um local de pesquisa necessita de uma previsão de prazos, particularmente se forem distribuídos por diversos locais da Europa. Há custos envolvidos em atender prazos curtos. O custo para remeter por via aérea modelos para cinco localizações europeias é substancial e pode ser evitado se o cronograma for mais realista.

Um design aprovado é um ponto de largada para os departamentos de produção. Eles podem ter que responder modificando linhas de produção atuais. Isso pode envolver obter autorização para uso de capital, o que pode ocasionar meses de atraso. Tipos de embalagem que envolvam novas fábricas e equipamentos podem ser descartados somente por motivos de atrasos no prazo. Se, no entanto, houver acordo em se instalar novos equipamentos, o prazo de entrega normalmente prevê um prazo para que o novo equipamento seja instalado e ajustado e comece a produzir. Neste ponto os exemplares da embalagem com a especificação final devem estar disponíveis para testar a linha. Um período adicional de tempo é necessário para produzir um nível de estoque e a distribuição a pontos de venda antes do lançamento.

Com estas e outras considerações sendo focadas em uma data de lançamento, a vida pode ficar muito complexa. O planejamento do projeto é essencial para o controle de cada atividade periférica, assegurando que, sempre que possível, as atividades devem correr em paralelo, a fim de economizar tempo. O planejamento deve incluir férias de pessoal, feriados e finais de semana. Escritórios de design e o pessoal-chave do marketing podem querer mostrar alguma flexibilidade, talvez até dando uma virada, mas a maioria dos fornecedores não tem esta flexibilidade e é muito comum que alguns fechem suas instalações por duas semanas nas férias do verão. Isto pode ser exatamente no período crítico do projeto. O planejamento das férias dos membros-chave da equipe do projeto pode ocorrer na época em que os arquivos tenham que ser fechados ou quando há necessidade de se decidir uma modificação no projeto. Por isso é importante que todos os envolvidos no projeto, particularmente aqueles que não podem delegar responsabilidade, tenham uma cópia do planejamento da introdução do produto a fim de saber exatamente onde sua presença será demandada. Mesmo com o melhor planejamento, eventos não previstos podem ocorrer. O planejamento deve ser construído com um grau de flexibilidade permitindo contingenciamentos e mudanças enquanto o projeto prossegue. Isto significa uma continua atualização durante o tempo de projeto, incluindo informações mais precisas assim que estiverem disponíveis. Haverá alguns pontos em que compromissos sejam assumidos, particularmente quando campanhas publicitárias se fixem em datas específicas de lançamento. A experiência indica que a maioria dos projetos planejados cumpre as datas decisivas, se bem que quase raspando e com níveis de estoques mínimos.

É desejável que uma pessoa seja o coordenador do projeto, sendo responsável pelo acompanhamento do seu progresso. Isso pode ser uma tarefa sem reconhecimento, mas pode ser mais fácil se todos estiverem conscientes do poder do coordenador do projeto. Se o coordenador for um membro da equipe de design, poderão surgir dificuldades com clientes e fornecedores. Instruções ou solicitações de ação urgente de alguém que é efetivamente um estranho podem ocasionar uma resposta ineficaz. A autoridade do coordenador deve ser estabelecida e reconhecida por todos os envolvidos. Da mesma forma, a função requer tato, determinação e persistência, de outra forma há o perigo de alienar participantes em vez de criar um espírito de equipe.

Este próximo item nos dá um exemplo de como este conceito se aplica à prática. É um projeto típico conduzido por escritórios de design para uma empresa de marca conhecida no altamente dinâmico mercado de produtos de consumo [conhecido pela sigla FMCG – Fast-Moving Consumer Goods. N.T.]. As páginas 50-53 descrevem um projeto internacional que é mais complexo.

Embalando sopas para o mercado britânico

Planejamento

Neste estudo a empresa-cliente é um fabricante de sopas e de marca líder no segmento de mercado de baixas calorias. A empresa produz sopas em latas, mas vê o mercado ser esvaziado por sopas em pacotes. Em resposta, tem uma variedade de produtos em pó, de baixa caloria, em diversos sabores, em desenvolvimento. O mercado para produtos em pó é dividido em "sachês" individuais e caixas com uma opção de múltiplos "sachês". A empresa optou por entrar no mercado com a opção destes últimos. A produção atual é centrada na produção de sopas em lata, mas a empresa tem uma subsidiária para empacotar produtos em pó, em uma linha de formar, encher e selar que também possui uma linha de ereção e enchimento de embalagens de cartão. Devido a pressões das marcas competidoras e mais recentemente de seus próprios produtos de marca, a empresa quer fazer uma grande entrada no mercado, apoiada em suas credenciais de uma marca bem estabelecida e de produtos de qualidade.

A empresa aceita que inicialmente sua subsidiária embale, mas tem a intenção de trazer esta operação para dentro de sua fábrica. Os formatos das embalagens utilizadas pelos seus competidores são bem estabelecidos, todos se utilizando de "sachês" acartonados. A empresa pretende primeiro utilizar-se de uma solução gráfica aplicada ao sachê-padrão, mas está aberta a qualquer forma de se aperfeiçoar sua imagem por meio de opções técnicas de design. Qualquer que seja a forma da embalagem, a marca é percebida como sendo vital para o sucesso, mas a embalagem deve também comunicar o aspecto saudável, de baixas calorias, através de uma gama de variantes do produto. A empresa acredita que a marca é forte o suficiente para assegurar a venda em lojas multimarcas e torná-las atrativas aos consumidores. Uma campanha de televisão está planejada a fim de lançar a linha nova de produtos, no início compreendendo cinco produtos, com outros a seguir. Aqui um sumário dos objetivos da embalagem na forma de briefing:

- Ter distinção na prateleira.
- Promover a marca.
- Indicar claramente a natureza saudável e de baixas calorias do produto.
- Ser adaptável a uma grande variedade de produtos.

Uma avaliação grosseira do tempo pode ser feita, considerando-se o escopo do projeto:

- Cronograma imposto: até aqui não há, apenas o desejo de entrar rapidamente no mercado. Há uma necessidade de relacionar a embalagem a uma campanha publicitária, ainda sem datas.
- Trabalho de design: requer-se um estudo de design para determinar se há formas de embalar que ofereçam vantagens e destaque em comparação com os competidores. Espera-se que isto confirme o uso de acartonados. Há uma baixa prioridade para o cliente e foi reservada uma semana para a pesquisa técnica. O estudo gráfico é o principal problema deste projeto e para ele foram reservadas 4 semanas.
- Possíveis resultados: um sachê dentro de uma caixa será utilizado, possivelmente, empregando tecnologia existente, por meio da empresa subsidiária ou empacotadores contratados.
- Pesquisa de mercado: a empresa indica que se fará alguma pesquisa de mercado, estabelecendo se os consumidores aceitarão o novo produto como extensão dos produtos em lata já existentes. Este prazo foi estabelecido em 3 semanas.
- Tempo de produção: antecipa-se que os empacotadores da subsidiária saibam manusear este formato. O trabalho de finalização do projeto deve durar 4 semanas, o embalamento do estoque inicial, 3 semanas, e a distribuição inicial, outras 4 semanas.

Neste ponto o *timing* é muito aproximado, mas sugere que o projeto dificilmente estará completo antes de 22 semanas, seis meses após ser autorizado.

Esse detalhamento é suficiente para provavelmente avaliar a viabilidade do *timing* do projeto. Os custos não são conhecidos e as soluções de design ainda não estão estabelecidas, a não ser a suposição de que o meio mais rápido de se chegar ao mercado será o de produzir sachê em caixas. O fabricante da marca necessitará obter das consultorias em design um plano mais detalhado e uma proposta que inclua custos. Uma consultoria que esteja familiarizada com design estratégico de embalagem formulará uma proposta indicando as atividades que serão executadas, o tempo que cada uma delas consome e os custos associados. Isto ajudará o cliente a ter um planejamento mais detalhado.

Nesta instância, a consultoria selecionada elegeu combinar o design técnico e gráfico em um planejamento, mostrando uma pesquisa de design em dois estágios antes da pesquisa de mercado, com um estágio final cobrindo desenvolvimento adicional e produção. A embalagem secundária está indicada separadamente. A Figura 4-1 mostra o planejamento, embora na prática isto seja conseguido com uso de softwares de planejamento.

Figura **4-1**

Plano é normalmente feito utilizando-se software de planejamento

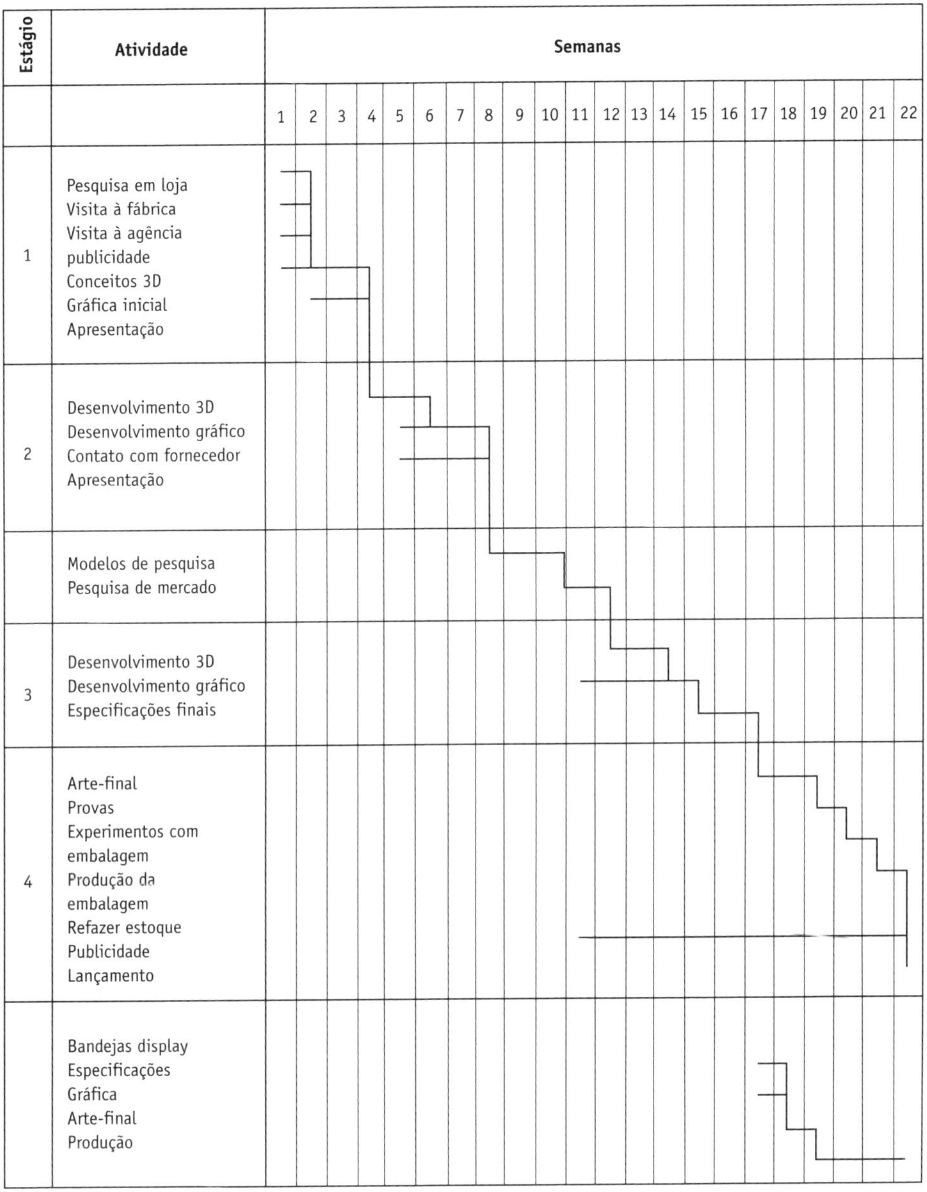

Estágio	Atividade	Semanas																					
		1	2	3	4	5	6	7	8	9	10	11	12	13	14	15	16	17	18	19	20	21	22
1	Pesquisa em loja Visita à fábrica Visita à agência publicidade Conceitos 3D Gráfica inicial Apresentação																						
2	Desenvolvimento 3D Desenvolvimento gráfico Contato com fornecedor Apresentação																						
	Modelos de pesquisa Pesquisa de mercado																						
3	Desenvolvimento 3D Desenvolvimento gráfico Especificações finais																						
4	Arte-final Provas Experimentos com embalagem Produção da embalagem Refazer estoque Publicidade Lançamento																						
	Bandejas display Especificações Gráfica Arte-final Produção																						

Fonte: Pira International Ltd

O primeiro estágio inclui uma pesquisa de lojas, visita à fábrica e discussões com a agência de publicidade, todas acontecendo em paralelo. O estudo conceitual do design técnico e gráfico se inicia logo em seguida. Embora o departamento de marketing do cliente esteja preparado para aceitar uma embalagem similar à dos concorrentes, ele está aberto a outras sugestões, desde que se sobressaiam melhor.

A pesquisa de loja confirma que todas as embalagens concorrentes utilizam-se do mesmo formato e tamanho e são dispostos por marca e não por variedade. Uma bandeja *display* é utilizada universalmente para unir as embalagens, algumas marcas têm detalhes gráficos na borda frontal da bandeja. De forma significativa, esta borda se projeta 30 mm para cima. Qualquer texto ou detalhe gráfico impresso na parte inferior da frente da embalagem serão encobertos pela borda.

O primeiro estágio pode ser planejado de forma bastante precisa, permitindo a pesquisa de loja em locais selecionados da Grã-Bretanha, a visita à fábrica e discussões com a agência de publicidade, todos acontecendo na primeira semana do projeto. Embora o resultado destas atividades não seja conhecido, a consultoria tem confiança suficiente para iniciar o trabalho de conceituação do design estrutural e gráfico. O planejamento prevê uma fase em quatro semanas com uma apresentação intermediária e uma apresentação em escala natural na conclusão da fase. Se o cliente concordar, datas precisas, tempos e locais serão fixados. Quando o planejamento progredir teremos mais dúvidas sobre o *timing*. Os resultados de um trabalho de design somente podem ser presumidos e poderão surgir fatores que mudem o padrão dos eventos.

A segunda fase prevê uma semana adicional de desenvolvimento estrutural, mormente para receber as reações às recomendações feitas no final da fase 1, mas também para preparar os desenhos, especificações e delinear custos. O desenvolvimento gráfico, que na fase 1 se concentrou em uma variedade de produto, com algum trabalho explorador em outros produtos da linha, agora começa a finalizar o design e a estender seus detalhes para outras variedades. Permanece a questão da localização da embalagem, desta forma é alocado um tempo para resolver este item e para selecionar empacotadores adequados, se necessário. São delimitadas 3 semanas antes do fechamento da segunda fase com uma apresentação ao cliente.

Esperando uma reação favorável do cliente, é usual conduzir as pesquisas de mercado neste ponto. Embora as exigências da pesquisa não tenham sido estabelecidas, foram reservadas 2 semanas para a produção de material de pesquisa. A atividade de pesquisa foi prevista para 2 semanas, sendo uma semana para a atividade e uma semana de análise.

É comum que os resultados da pesquisa de mercado requeiram algum ajuste mínimo no design. Três semanas foram reservadas para isso, incluindo a finalização dos originais. A fotografia e a ilustração devem ocorrer neste período. É comum que os escritórios produzam sua própria fotografia experimental para demonstrar com que cara ficará o design da embalagem. As imagens finais que serão usadas são subcontratadas com especialistas que são comissionados a produzi-las sob direção e supervisão do escritório. As especificações da embalagem são finalizadas aqui e são obtidos os custos precisos.

A quarta fase é o da produção: o trabalho de arte e originais são executados. Embalagens em branco são produzidas para testar o enchimento. Quaisquer modificações quanto a materiais devem ser feitas nesta fase, antes que a produção comece. Quando as embalagens são entregues pelo fornecedor, o enchimento pode ser iniciado, permitindo um período de ajuste, de acúmulo e de distribuição de estoque.

Duas outras atividades são executadas em paralelo. A agência de publicidade deve estar formulando a campanha e estará em contato com o cliente e a equipe de design. Devem ter solicitado embalagens *mock-up*, que terão sido produzidas em uma subfase separada, provavelmente assim que o design tenha sido aprovado. Adicionalmente, embalagens secundárias terão sido produzidas, que neste estudo se resumiam a caixas de transporte e bandejas *display*.

Um projeto completo indica um tempo total de 22 semanas, de acordo com a estimativa original. Não há previsão embutida para contingências e o planejamento é acompanhado por meio de semanas trabalhadas em vez de datas predeterminadas. Quando há datas adicionadas, elas devem sofrer ajustes em função de feriados, fechamento da fábrica etc. Este planejamento foi aceito pelo cliente com modificações mínimas. No próximo item, descrevemos o que realmente aconteceu.

O que realmente aconteceu

A pesquisa de lojas não revelou qualquer resultado inesperado, a não ser as bandejas *display* cobrindo a gráfica em algumas das embalagens dos concorrentes. A visita à fábrica que produz produtos enlatados permitiu ver que havia pouco espaço para instalar uma nova linha. A empresa coligada estava produzindo leite em pó e tinha pouca disponibilidade adicional para produzir sopa. Um contrato de embalamento por terceiros era a única resposta em curto prazo. A agência de publicidade tinha que explorar uma nova forma de embalagem, procurando traduzir em algum benefício para o consumidor.

Na primeira semana do estudo, os designers consideraram novos conceitos, incluindo vidros, garrafas, tubos e cápsulas. Nenhum destes foi considerado adequado. Mas sachê em um estilo de palito provou ser interessante. Este era o sachê fechado, utilizado às vezes para porções de açúcar. A incorporação de uma fita destacável promoveu um benefício ao consumidor ao abrir o sachê em forma de palito, que é fácil de esvaziar, evitando os problemas de acumulação do pó nos cantos dos sachês convencionais. A perspectiva de um método instantâneo e limpo de servir é particularmente atrativa para um produto com calorias controladas, assegurando que uma dosagem precisa seja mantida em um regime. O sachê em forma de palito tem uma analogia com os benefícios do produto, algo que a agência de publicidade achou que poderia usar. Os designers gráficos, porém, ficaram menos entusiasmados, devido à reduzida área disponível para o branding e a informação do produto. Poucos fornecedores têm o maquinário para produzir este estilo de embalagem.

A apresentação concluindo esta primeira fase mostrou a embalagem palito, mas gerou preocupação sobre o enchimento, e a maior altura foi considerada um problema potencial nas prateleiras dos supermercados, se uma bandeja for empilhada sobre a outra. A pesquisa nas lojas demonstrou que isso era uma prática comum. A redução da largura também reduzia a medida do logotipo, reduzindo a identidade da marca. Foi acordada a seguinte estratégia:

- Consultar o departamento de produção de uma empresa subsidiária sobre a possibilidade de produzir sachê em forma de palito.
- Contatar o departamento de compras para confirmar a disponibilidade e a seleção de fontes alternativas.
- Sustar desenvolvimentos técnicos até que estes pontos sejam resolvidos.
- Continuar o desenvolvimento gráfico, incluindo variedades e explorando meios de aumentar a exposição da marca.
- Investigar modos adicionais de empilhamento.

Neste ponto o cronograma ainda estava mantido e, apesar de pequenos ajustes, a fase 2 não precisou de modificações.

A fase 2, entretanto, viu a derrocada do conceito do sachê em forma de palito. As limitações de produção efetivamente mataram o conceito. O conceito de um sachê mais delgado não tinha sido totalmente descartado e a empresa subsidiária tinha experimentado um sachê convencional, mas com um formato menos largo e mais fino. Mesmo que não ideal, foi o suficiente para oferecer um fator diferencial e que superava o problema de empilhamento, mas apenas o problema de empilhamento. O aumento da largura do painel permitiu um logotipo maior e aumentou a presença gráfica. O escritório tinha experimentado com fotografia e ilustração, e a ilustração foi a opção preferida, já que a fotografia falhou ao não promover uma sensação de apetite. Ambas as versões seriam submetidas à pesquisa de mercado. Como as novas embalagens tinham proporções diferentes de embalagens de concorrentes, *mock-ups* em escala natural serão necessárias.

Neste ponto, o planejamento começou a se desviar, já que, para se produzir *mock-ups* impressos, é necessário produzir artes-finais com os originais corretos e as ilustrações incluídas. Primeiro, originais precisos ainda não tinham sido escritos, e ilustrações no padrão requerido ainda não tinham sido produzidas. Combinou-se que as ilustrações seriam preparadas pelo escritório em um estilo mais leve como apresentadas em uma das fases anteriores. A fotografia teria que ser produzida antes do que estava previsto. Um fotógrafo especializado e uma economista do lar deveriam ser providenciados, mas não acomodados no cronograma estabelecido.

Olhando-se à frente, podia-se ver que o tempo na fase de produção do projeto poderia ser reduzido. A produção das artes-finais foi definitivamente adiantada. Pouco desenvolvimento técnico estava sendo requerido, o que pouparia tempo, e experiências de produto poderiam ser minimizadas.

Neste projeto, o planejamento era flexível o suficiente para acomodar mudanças pequenas, não visíveis no início. Pelo fato de existir um planejamento em primeiro lugar, era possível prever os efeitos de mudança e reagir de acordo. Este produto atingiu suas metas de lançamento, mas falhou ao não realizar suas expectativas de marketing. O sucesso é ilusório em um mercado muito competitivo.

Embalando lubrificantes para o mercado europeu

Este estudo de caso ilustra um projeto muito maior. Mostra que um prazo estendido não necessariamente significa ter mais reservas para atender a contingências. Quanto mais complexo o estudo, maiores as chances de as coisas darem errado.

Planejamento

O cliente é uma empresa internacional de petróleo desejando redesenhar sua oferta de embalagens de lubrificantes. Os pontos de venda são postos de combustível por toda a Europa. Mesmo que não haja produtos competidores sendo mostrados ao lado dos do cliente, foi considerado que as embalagens estavam defasadas em relação às oferecidas por competidores rivais do ramo de lubrificantes. O cliente procura designs estruturais e gráficos que transmitam modernidade e que permaneçam modernos por pelo menos 10 anos. As embalagens serão produzidas e enchidas dentro de cada setor do mercado europeu, envolvendo então uma multiplicidade de fornecedores e de empresas de enchimento. O *timing* é importante, já que haverá necessidade de um lançamento simultâneo por toda a Europa, mesmo sem se ter ainda uma data determinada. Os tamanhos das embalagens serão de 0,5, 1, 2, 4 e 5 litros, e refletindo um uso de padrões nacionais. As embalagens utilizarão a língua do país de venda em conjunto com versões multilíngua para um grupo de países.

Um projeto desta natureza é complexo e, mesmo sem uma data-limite, uma atenção com o planejamento é essencial, se todos os contêineres têm que ser lançados ao mesmo tempo em todos os países participantes. Aqui está o esquema do projeto:

- Cronograma imposto: não há, a não ser o lançamento internacional de todas as embalagens em todos os tamanhos que precisa ser coordenado por toda a Europa.
- Trabalho de design: o design técnico estrutural deve preceder qualquer trabalho gráfico. É esperado que o trabalho estrutural deva se concentrar em um tamanho inicialmente e ser estendido a toda a gama de embalagens. O cronograma estimado é de 4 semanas para um estudo conceitual acrescido de outras 4 semanas para estender a outros tamanhos. O trabalho gráfico pode se iniciar durante esta segunda parte e se estender por mais 3 semanas após se ter estabelecido conceitos estruturais firmes.
- Possíveis resultados: o formato das embalagens será uma gama de contêineres de polietileno.
- Pesquisa de mercado: ela será essencial para testar os conceitos estruturais e gráficos nos principais países europeus; foi estipulada em 6 semanas.
- Tempo de produção: a produção de contêineres de polietileno deve tomar pelo menos 16 semanas. A acumulação de estoques tomará outras 4 semanas, assim como o enchimento e a distribuição, cerca de 4 semanas adicionais.

Um contêiner de polietileno pode não ser a opção selecionada, mas é a mais provável. Usando um contêiner de polietileno, a escala de tempo deve se estender a pelo menos 41 semanas. Como é possível que, a dimensão internacional cause problemas de administração, e requeira comunicações adicionais, é provável que o projeto não esteja pronto em menos de um ano. A consultoria selecionada produziu um cronograma ilustrado na Figura 4-2.

Figura **4-2**
A consultoria selecionada provê o cronograma

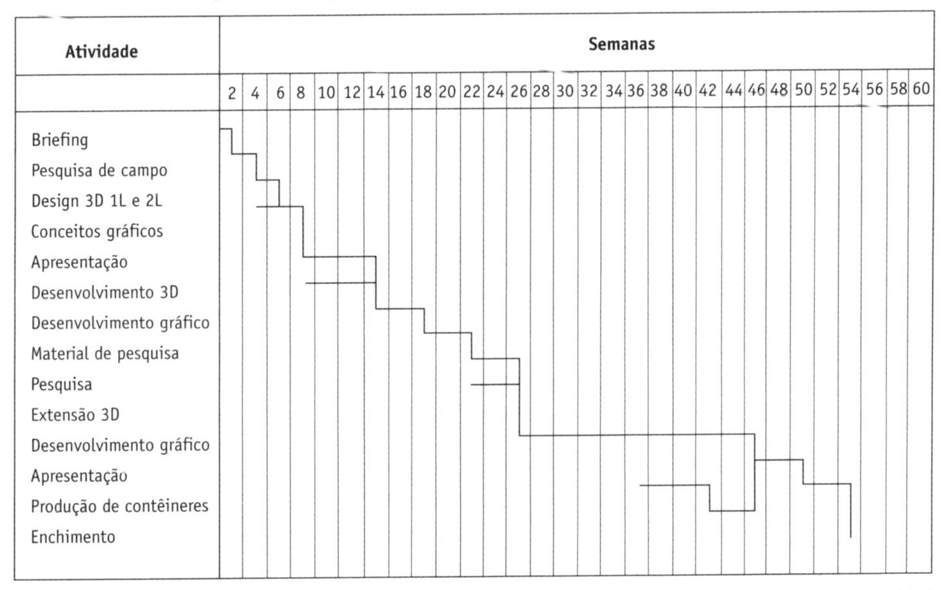

Fonte: Pira International Ltd

A empresa cliente estava ciente das complexidades dentro de sua própria organização ao coordenar atividades de design cruzando fronteiras nacionais. Um design aceitável na Grã-Bretanha pode ter menos apelo na França, por exemplo. Obter a aprovação do design para cada país representa uma tarefa difícil em si mesma. Por esta razão, foi designado um diretor com mandato de coordenar o projeto em âmbito internacional. Um painel de representantes, escolhidos em cada país participante, se reuniria em fases-chave a fim de aprovar os itens, na medida do progresso do projeto. Especialistas em produção poderiam participar destas reuniões com o intuito de acompanhar as condições nacionais individuais. Similarmente, as discussões com os fornecedores seriam facilitadas com o uso de agentes compradores que dariam assistência na busca de fornecedores múltiplos e de além-fronteiras.

Não se subestimem estes problemas administrativos. Enquanto muitas consultorias de design trabalham sob pressão para atender a prazos curtos, pode-se perder tempo durante o projeto simplesmente caçando alguém para obter originais, aprovações ou frequentando reuniões. Aqui é essencial ter um planejamento para acompanhar o progresso. Quando muitos indivíduos estão envolvidos, cada um deles necessita estar informado dos eventos. O planejamento passa a ser a ferramenta essencial para comunicar o progresso a todos os envolvidos.

Nestas circunstâncias, o papel do coordenador do projeto passa a ser vital, colocando-se uma grande responsabilidade nos seus ombros. Deve ser uma atividade de tempo integral, em um projeto como este. Nestas instâncias, nenhum funcionário do cliente deve ser poupado. A alternativa de utilizar-se de designers também era problemática, já que eles têm pouco conhecimento do negócio multinacional do cliente.

O que realmente aconteceu

Em estudos deste tipo é provavelmente inevitável que, quando a empresa-cliente for representada por um grupo de indivíduos de origens e nacionalidades diferentes, a escolha de um candidato preferencial fica aberta a debates. Neste caso, quatro linhas/opções de design estrutural foram selecionadas para desenvolvimento, mais do que os designers tinham planejado. Cada opção, tendo cinco tamanhos, significou o desenvolvimento de 20 contêineres. Para minimizar tempo de desenvolvimento e manter o cronograma, o escritório se concentrou nos modelos de 1 e 5 litros. A equipe de design produziu modelos simples de cada contêiner utilizando-se das quatro opções de design selecionadas. Desenhos esboçados foram utilizados para representar os modelos remanescentes de cada família de contêineres. As recomendações de design gráfico foram desenvolvidas para cinco opções. Não apenas o cronograma estava ameaçado, mas também os custos estavam em escalada. Isto se torna uma situação difícil para a consultoria e o cliente, já que todas as fases do design foram cotadas previamente, o incremento de tempo avança na estimativa do orçamento original, criando problemas potenciais para fases posteriores do projeto.

O escritório normalmente faz apresentações intermediárias com o objetivo de demonstrar o progresso a seus clientes e recomendar orientações futuras. No caso como havia uma audiência multinacional, era difícil marcar estas apresentações de forma a atender a todos os participantes. Isto motivou atrasos e algumas reuniões eram feitas sem alguns dos interessados-chave, que tinham dado prioridade a outros compromissos.

Quatro opções estruturais e cinco opções gráficas foram tentadas na segunda fase. A pesquisa de mercado, sempre considerada essencial, foi então iniciada. Como um projeto pan-europeu, a pesquisa foi conduzida em quatro países e em alguns casos em várias localidades simultaneamente. Isto significa que um jogo duplicado de modelos era necessário em vez de um jogo que viajasse de um local para outro em sequência. Cada modelo deveria ser feito corretamente, quanto ao peso e ao centro de gravidade com detalhes de destampar e usar que funcionassem. Para assegurar que o julgamento fosse preciso, foram incluídos modelos de embalagens existentes. Isto significava 25 modelos por local de pesquisa ou 100 modelos no total. A execução de modelos de alta qualidade é uma atividade custosa e que consome tempo, desta forma, foi feita uma tentativa de reduzir custos e manter o cronograma. Foram feitos apenas modelos de 1 e 5 litros; os modelos remanescentes foram ilustrados por fotografias. Em vez de quatro conjuntos de modelos idênticos para pesquisa, foram executados dois conjuntos e os cronogramas de pesquisa foram remanejados de forma que os conjuntos fossem transportados entre os locais de pesquisa. Mesmo assim, isto requereu que se utilizasse transporte aéreo para cumprir as estreitas margens de tempo entre as pesquisas. Mais uma vez os custos subiram com "taxas de urgência" de modeladores, fotógrafos e equipe de design.

Os resultados da pesquisa não determinaram um design claramente vencedor. Uma opção foi fortemente preferida na França e outra foi claramente preferida na Grã-Bretanha. Para resolver o dilema, foram produzidos designs híbridos para uma não prevista segunda rodada de pesquisas de mercado, e felizmente isto resultou em uma direção de design aprovada. Este relato pode parecer como um catálogo de desastres com pouco respeito a um cronograma, mas não é verdade. Ele simplesmente ilustra que eventos não previstos são uma realidade em um programa complexo de projeto de embalagens e que o cronograma deve ser dinâmico e se ajustar a novas circunstâncias. Durante todo o projeto, foi o cronograma que deu ímpeto para trazer os novos desenvolvimentos dentro dos prazos previstos.

Tendo-se concordado com uma solução de design, desenhos precisos serão produzidos para os fornecedores de contêineres soprados. Eles serão produzidos em conjunto com um fornecedor para incorporar os detalhes técnicos requeridos para a produção de ferramental. Um produtor da Grã-Bretanha tomou a dianteira, ajudando a calcular a cubagem, ângulos de extração e dimensões do contêiner. O ferramental tem que ser executado em medida maior permitindo ao contêiner, que é produzido quente, encolher até a medida exata quando esfria. Quatro fornecedores de contêineres foram envolvidos em três países, cada um com requisitos diferentes para suas máquinas de sopro. Alguns fornecedores não conseguiriam moldar todos os tamanhos, isto significa ter um sistema de entrega complexo além-fronteiras. Como os contêineres tinham diferentes cores e acabamentos a fim de denotar os tipos de óleo (incluindo acabamentos perolados e metálicos), um fornecedor foi selecionado para fornecer uma série inicial consistente de todas as embalagens sopradas, e mesmo essa iniciativa estava carregada de problemas. Um lançamento pan-europeu simultâneo foi-se provando difícil atingir.

A produção dos rótulos foi composta por falhas em compor os originais nos idiomas locais a tempo. Novamente, o cronograma estava sob pressão. Acima de tudo, os fornecedores de rótulos, em países diferentes, estavam utilizando processos de impressão diferentes. Neste projeto os rótulos do mesmo design eram produzidos por *offset*, tipografia, gravura e flexografia, cada um deles exigindo arte-finalização ligeiramente diferente, alguns fornecedores queriam receber os filmes separados, enquanto outros queriam as artes em CD de computador. Cada impressor tinha que submeter à apreciação provas de impressão para aprovação, às vezes havia erros que necessitavam de revisões e de novas provas.

Você deve se surpreender ao saber que este projeto foi um sucesso – as novas embalagens e sua gráfica receberam uma aprovação geral. Mesmo com as complicações do projeto, em cada etapa foi o planejamento que ajudou a se redirecionar a atividade a fim de se alcançar uma conclusão satisfatória. Se há uma lição a ser aprendida, é a de que alongar o tempo gera custos, frequentemente além do controle dos escritórios de design. Taxas de urgência cobradas por fotógrafos, modelistas, "birôs" de reprodução e "courriers" aumentam rapidamente e todos são repassados ao cliente, que pode se perguntar por que o orçamento acordado está sendo estourado. Às vezes taxas de urgência aparecem de forma genuína por motivos fora dos previstos, porém com frequência não há necessidade de se recorrer a elas. Assegurando que os eventos planejados sejam executados dentro do cronograma e, particularmente, que os originais corretos cheguem quando devem, muitas das medidas de pânico serão desnecessárias. Há ótimos pacotes de software que ajudam com o planejamento do projeto, mas mesmo planos bem feitos podem ter alguma ruptura. A chave do sucesso é a habilidade de ser flexível durante o tempo do projeto permitindo recuos na situação e trazê-la novamente para o controle.

5

entendendo o **consumidor**

Mudanças socioeconômicas

Dentro da União Europeia, a Grã-Bretanha permanece o Estado mais isolado, geograficamente separado do continente europeu. É também o Estado europeu que mantém as ligações mais estreitas com os EUA. A língua comum permitiu à Grã-Bretanha importar valores culturais de outros países, particularmente dos EUA. Isto pode explicar parcialmente por que a Grã-Bretanha persegue o seu estilo de padrões de consumo e por que foi menos influenciada por seus parceiros europeus. Além disso, o imperialismo pós-colonial resultou em uma diversidade cultural longamente estabelecida entre os cidadãos britânicos, maior do que a experimentada pelos Estados europeus.

Nos últimos 20 anos, as mudanças socioeconômicas dentro da Grã-Bretanha alteraram profundamente o tecido da sociedade e o estilo de vida de seus cidadãos. Durante este período, a Grã-Bretanha mudou de uma economia baseada na produção para uma economia baseada no serviço. Estruturas tradicionais rígidas foram substituídas por um fórum flexível onde, por exemplo, os estereótipos de idade, sexo e classe social se tornaram rapidamente difusos. Nos anos 1980 foram as barreiras de classe, educação, religião, filiação política e problemas de sexo que ajudaram a criar e identificar a diversidade dentro da população.

Hoje em dia, na Grã-Bretanha de pós-produção, os estilos de vida são diferentes. As pessoas estão menos envolvidas com as barreiras tradicionais, movendo-se para uma sociedade mais igualitária, um mercado de massa de indivíduos, onde as diferenças são menos aparentes. A demografia fica menos relevante onde a distribuição de riqueza e a escolha de estilos de vida passam a ser de maior significância. Mesmo que a transposição de uma sociedade de classes seja bem-vinda, ela introduziu novas ansiedades.

Não podemos mais esperar uma carreira única cobrindo todo o período de nossa vida de trabalho. Os contratos viraram norma, introduzindo incertezas e possivelmente mudando nossa visão do trabalho de uma vocação para um emprego. A confiança na autoridade foi corroída e nos tornamos céticos quanto a motivos políticos e a instituições econômicas e financeiras.

Nossas relações pessoais mudaram, com famílias ficando cada vez mais dispersas, um grande número de pais solteiros e pessoas vivendo sozinhas. Estas e outras mudanças exerceram um papel fundamental na transformação de nossa forma de vida na Grã-Bretanha.

Curiosamente, mesmo que as pessoas estejam desejosas de manter sua própria identidade, há um desejo humano de pertencer a uma tribo ou comunidade. Com a corrosão das comunidades tradicionais, como as filiações políticas ou religiosas, novos grupos se formam para preencher a necessidade social de um comportamento tribal. Estes se sobrepõem à divisão demográfica em todos os aspectos. Exemplos são as academias, os grupos de chat, grupos ambientais e ONGs. As características destes novos grupos são o fato de serem inclusivos, em termos de idade, sexo, etnia e poder econômico.

Estas são mudanças recentes, mas devemos considerar que elas afetarão o futuro da sociedade britânica e tentar estabelecer os motivadores e a motivação do comportamento do consumidor. Em particular, precisamos identificar aqueles problemas onde o design pode ter um impacto significativo. Nas páginas 56-58 veja apenas três deles, os problemas de idade são tratados nas páginas 65-67.

O surgimento dos solteiros

A primeira área, não necessariamente na ordem de importância, é o crescimento da população solteira. A Mintel previu um crescimento de 14% na população solteira ou separada dentro dos últimos cinco anos, tornando este segmento um quarto de nossa população adulta total até 2005 (Mintel 2001a). Esta tendência é prevista crescer, com os solteiros e separados representando 50% de todos os adultos por volta de 2022, de acordo com o relatório do governo UK2002. Os que vivem sozinhos, por escolha ou por circunstâncias, podem ter uma sensação de liberdade, ou de igualdade, um sentido de ansiedade, vulnerabilidade e de tensão sexual. Estas são experiências pessoais que os cidadãos britânicos encontrarão com frequência cada vez maior. Estatisticamente, a maioria de nós experimentará as graças e armadilhas de relações estáveis e de viver por si só enquanto vivermos. Como as emoções são uma força que conduz nosso comportamento e influenciam no modo como percebemos a nós mesmos e aos outros, elas têm efeitos significativos nos padrões e estilos de vida.

Nosso status de relacionamento frequentemente impõe restrições práticas ao nosso estilo de vida. Criticamente, é provável que dite nossas finanças e por isso, dentre outros fatores, o que podemos escolher e comprar, onde e como compramos e onde vivemos. Mulheres jovens, em particular, aspiram cada vez mais a ter sucesso na carreira como prioridade antes dos relacionamentos. Enquanto o status de relacionamento tem implicações para nós a nível pessoal, tem também fortes implicações para a sociedade como um todo. Em uma sociedade flexível, podemos cada vez mais fazer escolhas pessoais, em parte por entendermos que a sociedade é tolerante ao nosso comportamento ou porque não ligamos para a opinião dos outros. Podemos fazer o que nos agrada, quebrar as regras ou simplesmente não reconhecer que há regras relevantes, protocolos ou tradições que ainda contam.

Se considerarmos a habitação, podemos ver que a crescente população solteira pode ter um rol inteiramente diferente de requisitos frente à população que tem relacionamentos estáveis. Isso se reflete na tendência atual de se transformar prédios urbanos antigos e locais fora da cidade em flats. Estes são empreendimentos fechados, oferecendo segurança, estacionamento fechado e frequentemente oferecendo salas de ginástica ou academias como um atrativo para os residentes. Há um reconhecimento entre os incorporadores da necessidade de incluir flats ou estúdios de um ou dois dormitórios em conjunto com casas convencionais para impedir o surgimento de guetos de solteiros. Estes empreendimentos são projetados para atrair os jovens e livres, seus companheiros e solteiros mais velhos. De forma interessante, eles não são dedicados a famílias-padrão com crianças ou a famílias com um dos pais, provavelmente pelo reconhecimento do declínio da taxa de natalidade ou pela percepção de ganhos comerciais ao se oferecer uma zona livre de crianças. Este tipo de empreendimento é também caro para se comprar, o que faz com que os de alto poder aquisitivo migrem para eles. É meio evidente que veremos um aumento da separação entre os com crianças e os sem crianças em um espectro amplo de idade. Se isto se confirmar, poderemos antecipar uma subclasse de solteiros ricos de 24 a 50 anos com pouca conexão com a vida em família. Eles serão provavelmente mais motivados por viagens, eventos sociais, moda e o topo dos produtos de consumo. Nas páginas 59-64 examinaremos como atingir os grupos neste setor.

Hábitos alimentares

É curioso que conforme as habilidades culinárias britânicas declinam, as pessoas mostram um interesse marcante em comida e em cozinhar. A lista de livros mais vendidos inclui quase sempre títulos de culinária. Isso também se estende à preparação de comida para uma alimentação saudável, onde a ênfase é na dieta e nos valores nutricionais balanceados.

A televisão mostra, agora mais do que nunca, programas de culinária que transformam chefes de cozinha em estrelas da mídia. Ainda assim, nosso consumo de refeições prontas congeladas, a maior do setor das refeições prontas, expandiu-se além de 1,2 bilhão de libras esterlinas, o dobro do valor em 1997, em preços constantes de 1997 (Mintel 2002a). Parece que, de um lado, estamos preparados para pagar um prêmio por produtos que reduzam ou evitem o esforço de cozinhar, por outro lado, permanecemos com um fascínio pelo cozinhar.

Uma explicação para essa tendência sugere que tenhamos nos tornado uma sociedade pobre em termos de tempo e rica em termos de dinheiro. Há simplesmente pouco tempo para se comprar produtos frescos e cozinhar regularmente. Isso é particularmente relevante para mulheres que trabalham, que agora representam 45% de toda a população britânica ocupada. Os homens estão se envolvendo cada vez mais na cozinha, mas as mulheres ainda permanecem como as provedoras-chave de comida e refeições para as crianças na residência, o que provoca um envolvimento extra de tempo das pessoas.

Um outro elemento de impacto é a falta de habilidades para cozinhar. Gerações sucessivas falharam em passar as técnicas de cozinhar, a ponto de que, na faixa de 15-25 anos, muitos têm pouca ou nenhuma habilidade culinária, e pesquisas em escolas revelam que os jovens têm pouca ou nenhuma experiência com produtos frescos. Pode ser perverso, mas um declínio em habilidades pode promover o interesse das pessoas em adquiri-las, elevando o status de cozinhar a um hobby, artesanato ou uma atividade recreativa. O padrão emergente separa a refeição diária do cozinhar recreativo. Podemos, por exemplo, comer refeições prontas durante a semana e preparar e cozinhar algo especial nos finais de semana ou como parte de um evento social para amigos ou família.

Uma nova geração de produtos alimentícios começou a emergir e cobre o abismo entre as refeições prontas para consumo diário e as refeições "especiais". Este híbrido provê todos os ingredientes e molhos para uma refeição-menu, mas permanece com um certo grau do cozinhar convencional. O usuário pode ter que colocar a carne no forno, porém os molhos, saladas e acompanhamentos estão já preparados. Esta é realmente uma refeição kit, permitindo uma refeição mais elaborada e preparada com um certo refinamento culinário e em um período de tempo de 30-40 minutos. Neste momento, os kits culinários são baseados na internet, encomendados via web e entregues na porta do usuário. É interessante ver que grupos diferentes são visados com ofertas diferentes de produtos a preços diferenciados. Leaping Salmon, baseada em Londres, oferece kits de refeições *gourmet* com opções de "preparo fácil", de "preparo médio" e de "preparo expresso" e com cardápios sempre diferenciados. Aqui está uma das opções de "preparo fácil":

Perdiz assada com castanhas e pancetta servida com molho de mostarda deliciosa e espinafre fresco batido (19,95 libras esterlinas, para dois)

E aqui uma das opções "rápidas":

Frango Bonfire: preparação e cozimento em torno de 11 minutos. Frango fresco com molho de açafrão cremoso, geleia de cebolas vermelhas e espinafre fresco (12,99 libras esterlinas, para dois)

Ambas foram acessadas de www.leapingsalmon.com em 8 de dezembro de 2003. As refeições podem ser pedidas para entrega no escritório, na residência em contêineres de poliestireno expandido contendo bolsas de gelo. Para os *gourmets* da internet baseados em Londres, as refeições podem ser coletadas em quiosques nas estações principais e em lojas licenciadas. O mercado-alvo é o de jovens profissionais, pressionados pelo tempo e com habilidades de cozinhar limitadas, mas que queiram uma alternativa ao comer fora, mas com a mesma experiência de comer promovida por um bistrô ou restaurante. O Leaping Salmon vai além oferecendo um kit de sabonetes e óleos de banho, a fim de criar um clima enlevado que acompanha uma refeição.

Serviços similares são oferecidos por outras empresas objetivando públicos-alvo diferentes. Um exemplo é a Wiltshire Farm Foods (www.wiltshirefarmfoods.com) que anuncia no Saga Magazine, visando imediatamente uma audiência de mais de 50 anos. Suas refeições são mais tradicionais e oferecem opções dietéticas. Os custos são modestos, com refeições completas por volta de 4 libras esterlinas cada uma. As refeições são congeladas e entregues em caixas de corrugado pela frota da Wiltshire de vans refrigeradas, com os motoristas em uniformes especiais da empresa.

A entrega de refeições é uma forma com o potencial de assistir os membros da sociedade mais velhos e com menos mobilidade, mas que queiram comer bem ou manter um regime dietético com um mínimo de compras ou sem preparação muito demorada. A crescente geração de pessoas de terceira idade será letrada em computação, capaz de usar a internet como um meio de compras, e terá em consequência a oportunidade de comprar este tipo de kit de refeição.

Há também o potencial de se prover uma maior experiência de consumo ainda não praticada pela maioria dos fornecedores. Em vez de apenas receber uma caixa com componentes, a experiência total será ampliada pela apresentação e o ritual de desempacotar a caixa. Nas páginas 65-67 refletiremos de forma mais ampla sobre o perfil de envelhecimento da população britânica, com vistas ao design inclusivo.

Obesidade, dietas e saúde

Parece que os hábitos alimentares se polarizaram em extremos, com o crescente problema da obesidade, de um lado, e os distúrbios alimentares como a anorexia, de outro. Diferentemente de muitos outros países, são os pobres que estão ficando obesos; na melhor faixa da sociedade é que aparece a excessiva perda de peso, especialmente entre as mulheres jovens. Há uma preocupação particular com os hábitos alimentares dos adolescentes que provavelmente podem causar a este grupo problemas em sua vida futura, primeiro diabetes e doenças crônicas do coração. Um relatório da Associação Médica Britânica (Adolescent Health, 8 de dezembro de 2003) realça os problemas de saúde causados pelo consumo excessivo de sal, açúcar, gordura saturada acoplada à falta de exercícios. O *fast-food* e os refrigerantes são mencionados especificamente como fatores contribuintes, em conjunto com a falta de frutas frescas e vegetais. Obesidade em crianças na idade de 7 a 11 anos aumentou por volta dos 60% entre 1994 e 1998 e por volta de 150% entre 1980 e 1984 (Lobstein et. al., 2003).

A Associação Médica Britânica (BMA) indica que o ambiente social e a baixa renda são fatores por trás desta tendência. E ela diz que "desertos de comida" podem existir em áreas urbanas densamente populosas onde residentes não têm acesso a uma dieta saudável e acessível. Nestes desertos de comida os adolescentes, que pertencem a famílias de baixa renda, também têm tendência a um estilo de vida sedentária com pouca atividade física e de esporte, comparados a famílias de melhor renda. O relatório da BMA é crítico das técnicas de marketing usadas para promover salgadinhos, refrigerantes e bebidas energéticas.

Mesmo que a comunidade de design não seja a que vai resolver os problemas de desigualdade social ou prevenir o marketing de alimentos não saudáveis, ela é capaz de influenciar a escolha dos consumidores. Designers devem considerar formas de utilizar suas habilidades para o benefício da sociedade, não apenas para ganhos monetários.

Identificando o público-alvo

Esta pluralidade na sociedade exige uma revisão de como os setores do mercado são definidos e das relações entre o mercado, o design e o consumo. É cada vez mais difícil segmentar mercados de uma forma coerente e identificar consumidores ou consumidores potenciais com características demográficas, valores ou necessidades. Os métodos tradicionais de pesquisa de mercado, a fim de focar consumidores que dividem atitudes, são agora menos efetivos do que anteriormente, simplesmente porque as pessoas se movem sem parar entre segmentos do mercado. Uma mãe de 45 anos pode ser uma estudante; uma de 18 anos pode conduzir um negócio de sucesso ou, como uma amiga minha, uma mulher de 68 anos pode tirar sua licença de mergulho subaquático. Ficou difícil enquadrar uma pessoa real de carne e osso em qualquer segmento.

Permanecem exceções em que podemos conseguir uma segmentação de ações, como as famílias que esperam seu primeiro filho. Empresas produzindo produtos para creches ou as empresas produzindo câmeras etc. podem definir eficientemente seu mercado-alvo. Estas instâncias onde é fácil definir o mercado-alvo estão ficando raras e o marketing procura estratégias alternativas para definir e explorar mercados. Algumas estratégias de pesquisa são baseadas em técnicas sofisticadas de modelagem, enquanto outras, como tipicamente as empregadas pelas lojas de departamentos, podem usar dados coletados por meio de cartões de fidelidade. Na Grã-Bretanha, a Tesco foi pioneira na introdução de cartões de fidelidade em 1995. Eles proporcionam uma plataforma imediata de coleta dos estilos de vida dos consumidores e seus padrões de gasto. Porém, o poder computacional para analisar a massa de informação está sendo implementado somente agora. A Tesco estabeleceu uma empresa subsidiária de processamento de dados para identificar meios de atrair novos consumidores, reações de consumidores a promoções e o monitoramento de tendências emergentes. Ela usa também vigilância de vídeo nas lojas e equipamento de rastreamento do olhar para monitorar o comportamento dos consumidores. Na arena das operações do supermercado, muito pouco é deixado ao acaso.

Psicografia é utilizada cada vez mais para proporcionar dados de mercado mais significantes do que apenas dados demográficos. Enquanto a demografia está preocupada apenas em quantificar atributos de setores do mercado, a psicografia se preocupa com valores e atitudes. Ela promove um *insight* nas motivações e estilos de vida do grupo que são mais úteis aos designers em identificar setores-alvo do mercado. Quando, por exemplo, os Fabricantes de Produtos de Consumo e Alimentos do Canadá estavam pesquisando o consumo de alimentos, colocaram os consumidores em cinco categorias:

- os *laissez-faire* (descuidados): não preocupados com nutrição;
- os maduros moderados: mais cuidadosos e mais velhos;
- três quadrados: com bom senso, sem *snacks*;
- fobíacos da gordura: obsessivos por calorias;
- tendenciosos por *snacks*: consumidores sem tempo e comedores de *snacks*.

Esta aproximação tenta olhar para os estilos de vida de grupos da perspectiva da comunidade resultante de influências sociais e culturais. Estas influências podem incluir:

- família (nuclear, dispersa, estendida);
- trabalho (desempregado, mulheres trabalhadoras);
- música;
- arte e design;
- moda;
- cultos, grupos e clãs;
- valores importados.

É uma técnica útil, e se tivermos que usá-la para investigar o mercado do homem de 50-60 anos, poderemos considerar uma segmentação do mercado conforme a Tabela 5-1.

Tabela **5-1**
Segmentos no mercado dos homens de 50-60 anos

Hippy feliz	**Guru de design**	**Clean e verde**	**Hobbysta feliz**
Rabo de cavalo	Hugo Boss	Orgânico	Internet
Tatuagens	Muji	Caminhadas	Modelos
Jeans desbotado	Paul Smith	Bicicletas	Carros antigos
Motocicletas	BMW ou Mercedes	VW Polo	Land Rover
Eric Clapton	Coldplay	Cachorros	Construção
Cigarro artesanal	Gitanes	Distribuição	Cerâmica
Cerveja	Vodka	Vinho	Cerveja caseira

Fonte: Bill Stewart

Esses grupos são inevitavelmente estereótipos, mas começam a criar uma imagem na mente dos designers de uma forma que a demografia não consegue. Podemos associá-los com nossa experiência pessoal da sociedade e começar a entender o que os motiva.

Grant (1999) sugere que visar uma audiência de membros individuais pode ser substituída pelo envolvimento deles com informação e ideias. É uma aproximação mais sutil, tipificada pelo uso pela Sainsbury de sua revista própria de estilo de vida, ou do site da Procter & Gamble para os pais. Este site encoraja a autosseleção, promovendo os consumidores como um meio de acessar os serviços que eles querem, revertendo a tradicional relação entre consumidor e empresa. Viajantes sensíveis a tarifas aéreas mais baixas, por exemplo, podem encontrar os links para as empresas de tarifa baixa e estarão preparados para sacrificar flexibilidade em horários em favor de tarifas mais baixas. É uma das estratégias de marketing de sucesso adotadas pela empresa.

Dentro do ambiente dos supermercados, o autosserviço de produtos pré-embalados é o racional para operar lucrativamente. Entretanto, agora, os supermercados e produtores de marca estão ocupados em adaptar o formato para fornecer para um perfil novo e em mutação de consumidor. Como uma indicação desta atividade, uma pesquisa da Sainsbury de junho de 2002 identificou quatro categorias de compradores que não estavam inteiramente satisfeitos com os layouts atuais das lojas.

- profissionais ocupados com necessidade de uma solução de compra rápida, mas também buscando inspiração;
- mulheres fazendo compras com maridos relutantes;
- pessoas que não querem entrar em filas;
- mães em companhia de crianças pequenas.

Uma loja-piloto foi aberta em Hazel Grove, Manchester, para testar a incorporação de diversos modos de comprar projetados para atender as necessidades destes grupos de consumidores:

- Compradores pessoais (com custo extra).
- Um *checkout* onde os compradores podem sentar e relaxar enquanto as mercadorias são embaladas para eles.
- Uma área para crianças com facilidades educativas e para entretenimento promovidas pelo Museu de Ciência de Londres.
- Assistência especial para compradores com necessidades especiais e crianças pequenas;
- Uma coleção de mercadorias pré-encomendadas via "Sainsbury service para você".
- Uma loja Express separada da loja principal.
- Um cibercafé.

É pouco provável que todos estes itens sejam adotados nacionalmente pela Grã-Bretanha, mas alguns, se tiverem sucesso, serão com certeza adotados em lojas com novo formato.

Atendendo a segmentos particulares de consumidores, Sainsbury classificou suas lojas para competir em três missões de compras principais com subclassificações adicionais, de apelo afluente, médio e amplo para atender os níveis de renda da base local de consumidores:

- lojas de missão mista (atualmente 124) são Sainsbury Local, Sainsbury/Esso, Sainsbury Central e Small Sainsbury;
- lojas principais (atualmente 275);
- lojas principais extras (atualmente 64), as Savacenters, suas lojas maiores.

O nível de investimento em design de lojas, por volta de 221 milhões de libras esterlinas em novas lojas e 530 milhões de libras esterlinas em lojas existentes (2002), claramente implica um compromisso com o reconhecimento de uma mudança no perfil do consumidor e reflete a natureza competitiva do varejo na Grã-Bretanha.

Uma aproximação mais comum é a de definir linhas de produtos para atender a necessidades de setores específicos. Aqui, entretanto, os setores se tornam micronichos. Um exemplo pode ser encontrado em kits teste de gravidez. Forsythe et al. (1999) se referem a uma empresa americana, a Quidel, que é ativa neste mercado. Eles identificaram dois tipos de mulheres: aquelas que querem ficar grávidas (esperançosas) e aquelas que têm medo de ficar grávidas (amedrontadas). Não há nenhuma distinção demográfica acionável entre os dois segmentos. A estratégia de marketing da empresa foi a de criar duas marcas diferentes: Concieve para as esperançosas e Rapid View para as amedrontadas. Concieve estampava um bebê sorridente e era posicionada com os kits de ovulação, enquanto Rapid View não tinha a imagem do bebê e era posicionada próxima aos preservativos.

Autosserviço é também encorajado estendendo as ofertas dos produtos por tamanho ou por diversificação de produtos. Os resultados desta estratégia são demonstrados claramente em produtos para lavagem de roupa. Os produtos de lavagem de roupa são uma verdadeira *commodity* hoje em dia. Eles preenchem um papel simples na lavagem de roupa e não são produtos que a maioria dos consumidores ache estimulante usar. O crescimento das moradias de solteiros, uma tendência contínua, traz um dilema para os homens, em particular, sobre qual o detergente escolher. Isto se aplica a homens jovens tradicionalmente cuidados pelas suas mães, e homens mais velhos que se encontram vivendo sozinhos. Se as estratégias de marketing que discutimos fossem aplicadas, deveríamos antecipar que os homens solteiros serão tratados como um setor do mercado. Mas isto ainda não aconteceu, ainda.

Os exemplos acima sugerem como podemos começar a identificar audiências-alvo. Podemos olhar em detalhes o estilo de vida de grupos específicos e não apenas dados demográficos. Entretanto, é usual combinar demografia e psicografia para se determinar audiências-alvo. Os exemplos seguintes consideram como as técnicas são combinadas em um estudo do mercado DIY (Do it yourself/Faça você mesmo). O estudo foi iniciado pelo "The DIY Consumer", um relatório Mintel no mercado DIY 2000. Aqui alguns trechos que mencionam algumas destas tendências:

"No presente, muitos dos balcões DIY fora da cidade são muito focados no valor pelo dinheiro... Haverá um aumento dos grupos ABC1. Os varejistas DIY devem portanto precisar desenvolver produtos e formatos de lojas que são mais atrativos a estes grupos socioeconômicos como, nos próximos quatro anos, as pesquisas Mintel indicam que podem vir a representar a maior proporção da população. À medida que estes grupos começam a representar um forte mercado para o varejista DIY, há um propósito de se prover mais produtos prêmio em vez dos produtos baratos vendidos nos balcões que foram desenvolvidos até ali pelos varejistas."

"A mídia tornou algumas tarefas DIY ou decorativas como de moda como, por exemplo, instalar pisos de tábuas de madeira ou certas técnicas de pintura. Isso teve o efeito de seduzir grupos mais jovens engajando-os em DIY e em tarefas de decoração no sentido de personalizar seu ambiente."

"Os varejistas precisam desmistificar certas tarefas DIY no sentido de encorajar uma melhor absorção pelos consumidores em geral (...) empresas DIY precisam encorajar mais as mulheres a fazer DIY, provavelmente provendo produtos que são fáceis de montar e usar."

Deste relatório nós podemos identificar três importantes elementos:

- uma necessidade por produtos prêmio;
- comprometer-se com grupos mais jovens, idade 18-34 anos, que são influenciados pelo design;
- um potencial para encorajar as mulheres no DIY pela desmistificação das tarefas.

Entre os dados demográficos relevantes, temos que encontrar os ABC15, que moram em seu próprio apartamento ou casa, que sejam solteiros, morem com seus companheiros, ou mulheres separadas ou divorciadas, além das tendências previstas para os anos futuros. Os dados sobre a propriedade de imóveis, particularmente os compradores da primeira habitação, e sobre os relacionamentos podem ser quantificados a fim de identificar o tamanho do mercado. Há na verdade uma massa de dados a ser considerada e não é prático mostrá-la aqui, mas a Tabela 5-2 mostra a população adulta na Inglaterra e no País de Gales por sexo e status marital legal.

Tabela **5-2**

População adulta (000s) da Inglaterra e País de Gales 1971-1999 classificada pela idade e status marital legal

Homens	**1971**	**1981**	**1991**	**1999**	**% mudança (1971-99)**
Casados	12.522	12.238	11.745	11.128	-11,1
Solteiros	4.173	5.013	6.024	6.936	66,2
Divorciados	187	611	1.200	1.716	817,6
Viúvos	682	698	731	721	5,7
Total – não casados	**5.042**	**6.322**	**7.955**	**9.373**	**85,9**
Mulheres					
Casadas	12.566	12.284	11.838	11.185	-11,0
Solteiras	3.583	4.114	4.822	5.539	54,6
Divorciadas	296	828	1.459	2.001	576,0
Viúvas	2.810	29.39	2.978	2.771	-1,4
Total – não casadas	**6.689**	**7.881**	**9.259**	**10.311**	**54,1**

Fonte: Escritório Nacional de Estatísticas, Tendências Populacionais, Mintel

O crescimento dramático nos divórcios segue as mudanças na legislação durante os anos 1970. Quando estes dados e similares são analisados, revelam as tendências para um milhão a mais de adultos separados em 2021, mas também um padrão de vida separada entre períodos de coabitação. Extraindo a informação demográfica importante e sobrepondo-a a um perfil psicográfico, revela-se que os dois grupos-alvo podem ser caracterizados pelos seus estilos de vida.

Grupo Alvo 1: companheiros

- proprietários pela primeira vez com hipoteca;
- idade 20-34 anos;
- pré-família;
- profissionais, ambos com salário.

Pontos altos do estilo de vida

- influenciados pela mídia ou moda;
- conscientes do design; expressão e individualidade são importantes para a aceitação pelo grupo dos seus pares;
- proprietários de carro, novo Mini;
- ciclistas, maratonistas, praticante de voo livre;
- curtem férias especializadas, ir com mochila para a Índia, mas com o grupo;
- fumam uma erva recreativa, bebedores de vinho;
- importância na vida social, amigos, *happy hour*, comer fora;
- comprar na Ikea ou Habitat [lojas de mobiliário leve tipo Tok & Stok. N.T.];
- a mulher decide o design, o homem atua nas tarefas, a mulher decora.

Grupo Alvo 2: mulheres solteiras

- mulheres separadas ou divorciadas;
- idade 45-55 anos;
- profissionais empregadas;
- ninho vazio;
- casa própria.

Pontos altos do estilo de vida

- consciente do design;
- ativa sexualmente, procurando parceiro;
- vida social importante, isto é, jantares fora, comer fora com amigos;
- interesse em arte, música, teatro;
- bebedora de vinho;
- viagens frequentemente com amigos;
- não é capaz de DIY, mas tenta.

Armados com estes perfis de estilo de vida, fica muito mais fácil para os designers compreender o mercado e produzir soluções que atendam as necessidades e os desejos das audiências-alvo.

O próximo passo será adicionar imagens aos perfis, produzindo uma identidade altamente visual como referência durante o processo de design. O envolvimento da seleção de imagens reforça o comprometimento com o alvo. Como em todos os outros aspectos do design, o conhecimento é ganho por meio do fazer e executar.

Ao se visar os crescentemente menores e mais numerosos nichos de mercado, é inevitável que o número de variações de produtos em supermercados deve aumentar. Com um supermercado de ponta oferecendo entre 30.000 e 45.000 itens em estoque, a capacidade física de adotar linhas de produtos adicionais começa a ficar difícil. Espaços adequados são caros e sujeitos à permissão de planejamento das autoridades locais, elas também sob pressão em considerar o impacto social e econômico de lojas maiores na comunidade. O efeito do uso do automóvel no acesso às lojas e as consequências para os negócios de menor porte passaram a ser problemas importantes. Parece que, para os supermercados, um aumento nos produtos de nicho deve significar um uso maior de tecnologia de informação e suporte de logística, pelo menos por enquanto. O Capítulo 12 explica como isso pode ser conseguido.

Há ainda uma dimensão adicional para o incremento das variedades de produtos e a introdução de produtos para setores específicos do mercado. A provisão de maior escolha pode ser vista como possível benefício, mas também pode criar confusão para o consumidor. Pode aumentar o tempo de escolha por categoria de produtos, possivelmente até um índice inaceitável, particularmente para consumidores com pouco tempo. Itens como tomates em lata, que são verdadeiras *commodities*, são apresentados em variedades como cortados, inteiros, prêmio e italiano, e ainda vêm com uma variedade de ervas. Esta variedade é comum em diferentes marcas e níveis de preço.

Pode-se argumentar que produtos bem projetados que atendem a necessidades individuais adicionam valor às vidas das pessoas. Fornecimento de uma refeição pronta do freezer ao micro-ondas pode servir as necessidades dos que têm pouco tempo. Pode libertar os indivíduos a passar mais tempo com seus familiares ou em outras atividades que valham a pena. Igualmente, uma maior variedade de escolha, particularmente para produtos alimentícios, pode nos conduzir a uma dieta mais variada e saudável. Os designers, porém, têm o papel de entender o consumidor e podem influenciar seus hábitos de compra, e isto traz consigo um grau de responsabilidade. Designers são vulneráveis à crítica de que eles têm que ajudar a alimentar a sociedade de consumo.

Design de desejo

Provavelmente, somos todos familiarizados com a publicidade de desejo em revistas e na televisão. Os produtos para tratamento da pele para reduzir rugas raramente exibem uma face enrugada. A pessoa na propaganda é uma modelo atraente ou uma personalidade familiar com uma pele quase perfeita. Mesmo que nossa inteligência não seja enganada pela surpresa, nossas emoções suplantam o óbvio e podemos desejar sermos iguais à modelo. John Berger em seu livro *Ways of seeing* sugere que a publicidade está preocupada com o futuro, como nós gostaríamos de ser em vez de como somos (Berger, 1972). O creme para pele oferece uma imagem que cria um sentimento de inveja. Nós invejamos o como seremos se utilizarmos o produto, o que, por outro lado, criará inveja nos outros e justificará nosso amor por nós mesmos. Ele resume isso como se a propaganda roubasse o amor por nós mesmos e nos oferecesse de volta pelo preço do produto.

O mesmo princípio pode funcionar para a embalagem, que em diversas oportunidades atua como uma minipropaganda. Suponhamos que o briefing seja o de criar uma embalagem para uma bebida energética visando uma audiência de homens de 15 a 20 anos. A bebida pretende aumentar a performance nos esportes por incorporar um estimulante suave e sais minerais balanceados. De fato, a maioria dos homens nesta categoria pode não participar de atividades esportivas ativas, sendo mais observadores do que participantes. Ainda assim, eles desejam a perfeição física dos praticantes de esportes e a inveja dos seus companheiros de grupo. É um sonho. E os jovens na audiência-alvo podem sonhar com um futuro quando forem irresistíveis às mulheres. O seu lado racional lhes diz que isto não acontecerá, mas que vale a pena pagar o preço de um energético esportivo.

Em termos de design, o contêiner e a gráfica são dirigidos ao competidor em esportes, adotando a imagem adequada. O contêiner por si só pode ser projetado incorporando moldagem para os dedos facilitando a pega enquanto se corre. Isto pode ser enfatizado pelo uso de textura ou com insertos de um elastômero emborrachado, tornando-o mais firme em mãos suadas. A tampa pode permitir uma abertura e fechamento com apenas uma mão e incorporar um bico que facilite beber em movimento. Mesmo que nenhum destes itens seja utilizado pela maioria dos compradores, eles criam uma imagem que vende o sonho.

Estas técnicas são utilizadas largamente em uma gama ampla de produtos, a fim de ter um apelo para grupos específicos. Entretanto, é essencial que cada mercado individual seja amplamente pesquisado a fim de assegurar que a imagem seja adequada. Alguns mercados são particularmente sensíveis e necessitam de um trato cuidadoso com o design. Em produtos cosméticos para meninas pré-adolescentes, há diferenças de desejo entre uma de 10 anos e outra de 13 anos. Uma segmentação de mercado precisa é primordial.

Design de inclusão

De acordo com dados demográficos, o aumento da população de terceira idade representa uma oportunidade de mercado. É um mercado frequentemente mal entendido pelos designers, que podem passar a desenhar contêineres que podem ser abertos por pessoas com movimentos limitados nas mãos. É um objetivo válido e muitos dos resultados podem ser efetivos, mas a maioria das soluções de design é grosseira e não atraente e não será aceitável em outros mercados. O design de inclusão objetiva proporcionar soluções aceitáveis para qualquer um. Pessoas cujos problemas tornem difícil abrir embalagem não devem ser descartadas ou estigmatizadas, tendo soluções de design dirigidas especificamente a elas.

O termo "design de inclusão" se refere a mais do que embalagem; cobre o espectro completo das atividades de design, incluindo arquitetura, transporte e design de produtos. Ele considera também todas as formas de mobilidade pessoais e impedimento sensorial, não apenas resultantes da idade. Esta seção se concentra na embalagem para a população mais velha. Ao longo do caminho, pode ser que ele trate de itens que interessem a todos nós, jovens e velhos, em forma ou não. Neste sentido, podemos considerar o design de inclusão como o design de embalagem que pessoas novas encontrarão mais tarde em sua vida.

Os dados demográficos na Tabela 5-3 indicam claramente o projetado crescimento da terceira idade na Grã-Bretanha. Particularmente significante é a quantidade na idade 55-59, representando um crescimento projetado de 21% entre 1990 e 2005. Os de idade 60-69 também mostram crescimento significativo neste mesmo período. Estes dados indicam uma necessidade futura, ou oportunidade de mercado para inventos ou embalagens que incorporem alguma forma de assistência em abri-las e em ler o texto. A visão e força física deterioram como parte de um processo natural de envelhecimento. Entretanto, é errado supor que este maciço grupo de pessoas na terceira idade pode ser classificado em um único grupo. Ao contrário, os pós-50 exibem a maior variedade de graus de saúde, mobilidade e características de estilos de vida. Algumas das maiores divisões estão resumidas a seguir, retiradas da Mintel (2001b).

Tabela **5-3**

População da Grã-Bretanha - idade 45+ (000s)

	1990	1995	2000	2005 (projetado)	% de mudança 2000-05
População total	**57.956***	**58.606***	**59.750***	**60.681***	**1,6**
45-49	3.375	4.106	3.772	4.138	9,7
50-54	3.099	3.329	4.051	3.723	-8,1
55-59	2.935	3.010	3.247	3.950	21,7
60-64	2.904	2.784	2.880	3.115	8,2
66-69	2.856	2.658	2.582	2.696	4,4
70-74	2.182	2.469	2.332	2.305	1,2
75+	3.995	4.098	4.397	4.543	3,3
Total 45+	**21.346**	**22.454**	**23.261**	**24.470**	**5,2**
45+ como % da população total	**36,8**	**38,3**	**38,9**	**40,3**	

Fonte: Departamento Atuarial do Governo, Mintel

* População total fornecida pelo Departamento de Estatística

Divisão macho/fêmea

- Os homens aumentam seu lazer e atividades esportivas, mulheres passam mais tempo em atividades familiares.
- Homens querem férias de aventuras, mulheres querem relaxar e quebrar a rotina.

Divisão social e saúde

- Quase o dobro de ABC15 e C2DE são conscientes de que alimentação sadia e exercícios são importantes. Isto é significativo, já que estatísticas revelam que os C2DE são os que predominantemente sofrem de má saúde.

Divisão financeira

- Dependendo da provisão das aposentadorias, há grandes diferenças em renda disponível. ABC15 com suas crianças criadas e hipotecas pagas provavelmente têm renda para gastar em férias e atividades de lazer.

- Há ainda um fator crescente em que os ABC15 podem se transformar de situação relativamente boa para a de ter pouca renda quando as aposentadorias faltam.

Solteiros/companheiros

- No grupo desta idade, a desolação, o divórcio ou a separação são muito comuns, afetando seus estilos de vida.

Como o design não opera sem referência ao usuário pretendido, é importante que não sejamos enganados pelo tamanho do mercado potencial. O mercado dos maiores de 50 é extremamente fragmentado e nós temos que ser claros a respeito de quem estamos atingindo. Design para os mais velhos é provável que inclua uma porção substancial de pessoas que não exibem traços estereotipados de velhice. No grupo de idade de 45-54 anos, por exemplo, 1 em cada 4 homens e 1 em cada 5 mulheres ainda frequentam concertos de rock. A maior porcentagem de venda de motocicletas Harley-Davidson neste país é para homens acima dos 50 anos.

No contexto da abertura de embalagens e de clareza visual, é provavelmente mais útil estruturar o mercado criando uma classificação diferente com o que se segue:

- em forma e ativos;
- em forma mas com um grau de mobilidade e de agudeza visual prejudicado;
- fora de forma e envelhecidos;
- necessitando de cuidados.

Haverá um movimento entre estas categorias à medida que o envelhecimento progredir, mas é basicamente a segunda categoria – em forma mas com um grau de mobilidade e de agudeza visual prejudicado – que precisamos atender.

As organizações continuam a pesquisar esta área; notadamente temos exemplos na Grã-Bretanha, como o Royal College of Art (RCA) e a Helen Hamlyn Research Centre. Embora o trabalho também inclua design de produto, algumas soluções de embalagem também foram propostas. Aumentar a dimensão das argolas dos fechos das latas de abertura rápida, por exemplo. Entretanto há uma relutância da parte dos fabricantes de embalagens em adotar muitas facilidades de abertura quando elas certamente aumentarão os custos de fabricação.

Adicionalmente, temos que ser cuidadosos em não produzir uma dualidade, em que uma embalagem estigmatizada para os mais velhos convive com uma embalagem convencional. Um exemplo que evita a estigmatização são os aplaudidos utensílios de cozinha Oxo Good Grips. Empunhaduras desenhadas de forma inteligente, maiores que o normal e que eram oferecidas a pessoas com problemas de mobilidade das mãos, eram tão eficientes que ganharam ampla aceitação em todos os grupos de idade. O design de inclusão dentro da área da embalagem deve se mirar no seu sucesso.

6

pesquisa de **design**

Pesquisa de escritório

A pesquisa de escritório é pesquisar as informações de base ou de pano de fundo para um projeto de design. Ela acontece antes que se comece qualquer trabalho de design e seu objetivo é o de ganhar um conhecimento sobre o público-alvo, o setor de mercado envolvido e qualquer atividade dos concorrentes.

A maior parte da pesquisa dos setores de mercados pode agora ser feita on-line, revisando relatórios produzidos por companhias ou agências nacionais e internacionais. Estes relatórios proveem dados demográficos, compreensão sobre tendências de mercado e informação sobre atividades das empresas dentro de setores do mercado. Frequentemente, em áreas de mercado diversas, não é possível se obter informações precisas; podem não estar disponíveis ou não ser inteiramente confiáveis. Dados demográficos são considerados agora de menor significado à medida que os cidadãos se movem dentro dos setores, pelo menos isso acontece na Grã-Bretanha. As técnicas psicográficas passaram a ter um papel mais importante.

A importância da compreensão do público-alvo não pode ser subestimada. É vital para o sucesso de qualquer projeto. Clientes podem identificar o público-alvo de diversas formas e com variações da quantidade de detalhes. Na maioria das instâncias, é necessário trabalhar estes dados. Para se poder projetar com eficiência, é necessário "conhecer" o alvo, extensivo a se produzir um perfil do estilo de vida do indivíduo. Os designers tendem a trabalhar dentro de uma moldura visual onde imagens estão em primeiro plano em suas mentes. É de grande ajuda ter uma imagem mental do alvo. Tipicamente, para mercado adulto, isso pode incluir a seguinte informação:

- idade;
- sexo;
- status social;
- emprego: finanças, situação acadêmica, compromisso para o trabalho;

- casado, solteiro, divorciado, separado;
- família;
- renda disponível;
- onde vivem: urbano, suburbano, campo;
- tipos de acomodação: apartamento, casa, casa geminada;
- estilo de mobiliário: Ikea, Habitat;
- conhecimento de marcas: que marcas compram ou aspiram a comprar;
- férias: destinos, aventura, pacotes de viagem;
- carro: tipo e marca;
- esporte: nenhum, participante, espectador, TV;
- comida: durante a semana, fins de semana, comendo fora;
- roupas: butiques, etiquetas de designer;
- hábitos de beber: vinhos, cerveja;
- atividades sociais: bar, jantar com amigos.

Se estes pontos forem considerados, começaremos a conhecer o público-alvo. Poderemos conhecer alguém muito parecido com ele e, importante, começaremos a entender o que pode motivá-los. O Capítulo 5 expande o assunto sobre o atingir o consumidor.

O processo não é perfeito, pois estamos nos aproximando de uma imagem estereotipada em torno da qual deverão existir desvios em função de circunstâncias individuais. Adicionalmente, se o perfil estiver errado, os designers estarão perseguindo as direções de design erradas. É sempre uma boa ideia rever as pesquisas junto aos clientes antes de o trabalho se iniciar e ter seu endosso à avaliação da pesquisa de design.

Pesquisa em lojas

Como a maioria do trabalho de design de embalagem se refere aos bens de consumo rápido pelo consumidor (FMCG), o termo “pesquisa em lojas” se tornou a terminologia aceita para o olhar sobre o ambiente do ponto de venda nos espaços de comercialização (usualmente, supermercados). Nem todos os produtos são vendidos apenas nos supermercados, e uma pesquisa em loja deve ser considerada em um contexto mais abrangente, como uma pesquisa em qualquer área onde o tema do projeto de embalagem seja comercializado. Para acessórios automobilísticos, podem ser os *showrooms* dos revendedores ou lojas especializadas; para produtos para horticultura, podem ser centros de jardinagem. Frequentemente, as vendas podem acontecer em vários tipos de lojas, e se for assim, todos devem ser pesquisados.

O propósito de uma pesquisa de lojas é coletar informações de base para a equipe de design. Às vezes, há um benefício inicial de o cliente poder ver os resultados e ser atualizado sobre as últimas atividades dentro do setor do mercado-alvo. Você pode ser tentado a imaginar que os clientes estejam familiarizados com as atividades dos concorrentes, mas a experiência mostra que esse não é sempre o caso; o que eles podem pensar estar acontecendo pode ser totalmente diferente do que acontece de fato.

Uma pesquisa se beneficia de um acesso metodológico e deve definir as áreas de interesse antes do começo. Estas áreas não necessitam ser confinadas ao setor a ser investigado, elas podem incluir outros setores que tenham ressonância com o motivo principal do estudo. Se olharmos para chocolates de luxo, por exemplo, bebidas podem ter relevância, já que ambos são produtos indulgentes. Com o uso de fotografia, uma pesquisa cria um levantamento preciso das condições dentro das lojas, que depois podem ser estudadas em detalhes. Uma quantidade surpreendente de informações capturadas em foto é pouco percebida pelo olho com uma simples vista d'olhos.Uma pesquisa é também uma fórmula de permitir a toda a equipe ter acesso a informações, de modo econômico, e em alguns casos a única forma se as locações estão em diferentes países. O que se passa nas lojas da Grã-Bretanha é sempre diferente do que acontece nos outros países. Uma pesquisa na área de DIY mostrou diferenças substanciais na mesma marca, pela Europa. As lojas alemãs DIY tinham uma gama muito maior de produtos que incluíam mini-tratores e máquinas pesadas. Na Itália, por outro lado, há pouca atividade DIY, explicada pelo gerente local da marca como um hábito dos italianos de perder menos tempo com manutenção da casa e mais tempo fazendo amor, comendo fora ou com a família. Interessantemente, os produtos na Itália também eram diferentes; as ferramentas manuais elétricas eram pretas em vez de azuis e verdes como na Grã-Bretanha. A pesquisa na Itália também tinha o objetivo de investigar o atacadista, porém não pôde ser conduzida devido a uma falta deste e de produtos nas prateleiras.

As lojas são pesquisadas com o objetivo de se obter as seguintes informações:

- Posicionamento: onde o produto será exibido.
- Proximidade: que produtos serão exibidos acima, abaixo e de cada lado da embalagem.
- Concorrência: como os produtos concorrentes são embalados.
- Níveis de iluminação: quais são a iluminação e as áreas escuras da exposição.

Se os produtos estão criando uma nova categoria, sua posição no ponto de venda não será certa, mas o cliente saberá sua possível posição. Para categorias de produtos existentes não há problemas em se achar uma posição precisa no ponto de venda.

Posicionamento se refere à localização da área de *display* na loja e à posição na prateleira relativa ao nível do olho. Se o produto for uma refeição pronta congelada, poderá ser armazenado em um freezer horizontal ou em um de gabinete vertical. Isso significa que o comprador potencial verá uma embalagem horizontal de cima ou uma embalagem vertical ao nível do olho, acima do nível do olho ou abaixo do nível do olho. A embalagem deverá ser desenhada para atender a ambas as situações de exposição e será importante checar que a face principal da embalagem funcione bem nas duas circunstâncias. A configuração da embalagem e a orientação do painel frontal necessitam serem consideradas por completo. Há muitas incidências de projetos de design sendo direcionadas a um painel que na prática real não é o exibido. Sacos de farinha e de açúcar são um exemplo clássico, quando são empilhados na horizontal com apenas as faces laterais sendo mostradas, e as faces laterais muitas vezes não têm nada mais que um código de barras. Isso demonstra uma outra função valiosa de uma pesquisa em lojas – ela registra as condições reais de exposição. O gerente de marca da farinha não tinha visto os sacos de farinha empilhados horizontalmente, já que, quando de sua visita oficial, a loja tinha cuidado para que se expusesse com a face principal. Não é realista esperar que as lojas mudem seus métodos de exposição, e então, se a exposição for das faces laterais, é melhor reconhecer isso e desenhá-las para exibir a marca ao final.

Um princípio alternativo seria redesenhar a embalagem totalmente com a finalidade de assegurar que a face principal seja sempre a exposta. No exemplo da farinha, isso poderia significar abandonar o saco e adotar uma embalagem rígida, como muitos dos fabricantes de farinha já fizeram. Isso propõe uma grande face frontal para a gráfica e a marca, aumentando a exposição. Há sempre penalidades no custo nesta mudança de formato, mas ela promoveria uma oportunidade de se introduzir benefícios ao consumidor, como incorporar uma tampa basculante que ajudasse a dosar a farinha.

Os layouts de supermercados deixam pouco ao acaso. Um trabalho extenso tem sido feito para determinar o comportamento do consumidor e projetar as lojas de forma que encorajem o consumidor a comprar. Os layouts comumente exibem as frutas frescas, vegetais e flores próximos à entrada, encorajando uma sensação de frescor no comprador assim que entra na loja. A padaria é situada no fundo exalando o aroma de pão fresco por toda a loja. A largura dos corredores é importante; corredores estreitos promovem uma circulação mais rápida, enquanto corredores largos induzem a um passeio mais tranquilo. As *commodities*, que geralmente têm menor margem de lucro, são situadas em corredores mais estreitos, produtos com maiores margens são colocados em corredores mais largos. As relações de exibição dos produtos ao nível do olho são importantes, já que os consumidores percebem primeiro neste nível. Não se surpreenda com produtos de maior margem serem exibidos ao nível do olho ou ligeiramente acima e que produtos de menor margem sejam relegados às prateleiras mais baixas. Estes conceitos sofisticados de merchandising significam que os fabricantes de marca têm que lutar por posição na prateleira. A pesquisa de loja revela o posicionamento do produto que deve ser enfrentado pela equipe de design. Quando embalagens aparecem nas prateleiras baixas, a superfície superior pode se tornar importante. Latas de comida para cachorro foram indicadas, por uma pesquisa de loja, estarem nas prateleiras inferiores. Do ponto de vista do comprador, apenas se poderia ver as tampas. Imprimindo-se as tampas com a marca, houve um aumento de vendas do produto.

As lojas múltiplas não são menos astutas em utilizar o espaço das prateleiras com a finalidade de obter lucros máximos. O número de áreas alocadas a um produto dependerá de seu potencial de lucro. Aqui os líderes de marca têm uma posição forte, já que as lojas são virtualmente obrigadas a estocá-la para manter a lealdade dos consumidores. Em sua maioria, as marcas são anunciadas de forma maciça por seus donos, criando uma demanda do consumidor que os varejistas são obrigados a reconhecer. Marcas menos estabelecidas lutam para vender e têm que convencer os varejistas do incentivo de lucro para serem estocadas. Ajuda o fato de a embalagem ser projetada para uma boa utilização de prateleira e uma pesquisa de loja pode revelar oportunidades de otimizar o espaço de prateleira. Isso é importante se uma série de variantes de produtos está sendo considerada por um fabricante, mas há pressão dos varejistas em aumentar o uso de prateleiras, cortando-se variantes. Medidas atualizadas serão necessárias mais tarde para assegurar que qualquer oportunidade potencial seja realizada na prática.

Proximidade a outros produtos e marcas é também significante. Identifica o ambiente onde sua embalagem competirá. Para ter sucesso, terá que ser visível e se impor ante os concorrentes. O design de embalagem não será o único fator a contribuir para o sucesso ou fracasso do produto; preço, qualidade do produto; promoção e publicidade, todos têm papel importante. Se o produto desapontar, não importa quão boa é a embalagem, as vendas dificilmente se sustentam. A competição próxima de produtos similares é comum, mas assim é também a de outros tipos de produtos. Um pó para cappucino instantâneo, por exemplo, pode ser exibido entre os chocolates em pó, cafés, chás ou outras bebidas instantâneas. Outras categorias de produtos podem ser vistas como concorrentes se estiverem em proximidade ao produto-alvo. Se uma embalagem for posicionada ao final de um setor de produtos, os produtos do setor adjacente concorrerão por atenção.

É usual que uma pesquisa de loja seja acompanhada por uma compra de todos os produtos concorrentes para uma análise mais detalhada pela equipe de design. Na maioria das situações, os compradores potenciais veem um *display* de produtos múltiplos em vez de embalagens individuais, o que torna importante para a equipe de design trabalhar com múltiplos também. O desenvolvimento inicial será de unidades individuais, mas a oportunidade de ver como elas trabalham em conjunto não deve ser desperdiçada. Isso pode amplificar as características do design como é o caso da Oxo, por exemplo, onde o *display* coletivo adquire um efeito poderoso.

Níveis de iluminação dentro de um supermercado são considerados com muito cuidado, mas onde o produto está e em outros ambientes, a iluminação pode variar. Ela deve ser considerada no projeto. Cores escuras podem ser elegantes e clássicas em boa iluminação, mas podem ser recessivas quando a iluminação é reduzida. É sabido que uma embalagem tem que funcionar em condições de iluminação pobre, e o design deve ser ajustado para compensá-la. Filmes e tintas metálicos são notórios por aparecerem escuros quando a iluminação não é adequada. As equipes de design são fãs de mostrar seus conceitos em prateleiras bem iluminadas no estúdio. As embalagens podem parecer ótimas no estúdio, mas é sempre útil saber como se comportam em condições próximas às do ponto de venda. O ponto de venda frequentemente tem linhas de iluminação fluorescente, que produzem um efeito diferente de *spots* alógenos.

É usual em uma pesquisa de loja que se incluam exemplos que representem as condições do ponto de venda possíveis que o produto possa encontrar. Se a embalagem for vendida em lojas múltiplas, será necessário visitar diversas delas, incluindo as de rua principal, as de bairros distantes e as superlojas. Uma típica atividade para um produto do dinâmico mercado de produtos de consumo na Grã-Bretanha incluirá duas ou três lojas de todas as principais lojas múltiplas. Em alguns casos, locais onde o produto não seja vendido, como na Marks & Spencer e Harvey Nichols, podem ser incluídos na pesquisa para se examinar como eles embalam produtos de categoria similar.

Varejistas são, muitas vezes, relutantes em permitir fotografias em suas lojas, e é normal que o escritório de design peça autorização. Pode ser uma atividade que consome muito tempo, de forma que muitas empresas de design tentam construir um relacionamento com certas empresas em particular ou com lojas individuais. De outra forma, fotografar passa a ser um fator furtivo, com os pesquisadores sendo mandados para fora, sem cerimônia. Quando a permissão é obtida pela marca em vez do escritório, os pesquisadores podem ser acompanhados pela loja e ver *displays* imaculados, arrumados para a visita. Mas, pesquisadores querem ver as prateleiras no seu modo do dia-a-dia.

Fotografia digital é rápida e simples; para capturar os níveis de iluminação, devem ser usados os mesmos tipos de ajustes. O formulário na Figura 6-1 é um meio útil de registrar a posição e a proximidade. Os formatos de venda estão em constante mudança com a finalidade de se adaptar aos estilos do consumidor emergente, a fim de maximizar vendas. Para isso, alguns locais podem ser redesenhados em novos formatos como teste. Adicionalmente, há ainda diferenças regionais entre as apresentações das lojas. As lojas da Safeway no sul da Inglaterra têm marcantes diferenças frente às lojas Safeway no Norte. Se diferenças regionais são importantes, pesquisas podem ser necessárias para explorá-las. Alguns escritórios empregam uma série de pesquisadores regionais para conduzir suas pesquisas, mas os clientes devem ter noção dos custos, previamente.

Figura **6-1**

Este formulário é uma forma útil de se anotar faceamentos e proximidades

Pesquisa na loja

Produto ....

Categoria ....

Marca	Faceamento	Marca	Faceamento

Proximidade

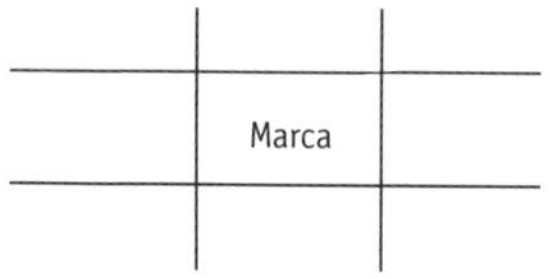

Nível do olho

	Marca	

Observações gerais ....

Nome do revendedor ....

Endereço do revendedor ....

Classificação ....

(loja de rua, minimercado, supermercado, hipermercado, independente)

Fonte: Pira International Ltd

Discussões com varejista

As pesquisas em lojas capturam um momento na história do varejo e não são garantia do que acontecerá no futuro. Embalagem é uma mídia em transição e pode mudar rapidamente e efetivamente de custo, mas queremos ser aconselhados sobre os desenvolvimentos correntes do varejo ou os que ainda ocorrerão no futuro próximo. Aqui o comprador do produto e o varejista podem ser consultados, mas apenas no âmbito de uma marca conhecida, e isso sai do escopo da maioria dos projetos de design.

Compradores estão cansados de terem produtos vendidos a eles e pode ser uma mudança refrescante serem consultados sobre suas opiniões. Os compradores condicionam uma demanda existente que influencia diretamente a performance da empresa, e por isso eles têm um poder considerável. Acesso a compradores é difícil e eles parecem ter pouco tempo para os designers quando não há o suporte de uma grande marca. Experiência prévia sugere que compradores são altamente individualistas e com opiniões surpreendentemente fortes. Ajuda se o estudo é conduzido até um ponto em que as ideias iniciais possam ser mostradas. Outros encontros foram mais frutíferos e renderam informações significantes. O cliente do designer é o beneficiário real, já que o contato que ele estabelece é um passo vital em prol da venda de suas linhas de produtos.

A maioria dos grandes grupos de varejo tem um setor de merchandising especializado que toma decisões a respeito do posicionamento dos produtos. O setor de merchandising pode ter disponível uma loja experimental completa, equipada com prateleiras, finais de gôndolas, gabinetes de freezer etc. Qualquer novo sistema de *display* é testado antes de ser adotado nas lojas. Detalhes de dimensões das prateleiras, planejadas ou existentes, podem ser obtidos com diagramas gerados por computador de como as prateleiras podem ser preenchidas. Eles indicam espaço em prateleiras, superpostas com embalagens, e são fornecidos aos gerentes das lojas. Isto assegura que o posicionamento que maximize lucros fique no controle central do setor de merchandising. É pouco usual que equipes de design se relacionem com os setores de merchandising quando estão trabalhando com produtos de marca, mas informações precisas sobre as unidades de *display* são fornecidas frequentemente a quem tiver interesse suficiente em consultá-los.

Se um estudo ou uma empresa cliente sentir a necessidade de discussões com o varejo, o cronograma deve ser ajustado de acordo. Marcar encontros com compradores e pessoas de merchandising não é fácil, e se várias empresas estiverem envolvidas, o processo pode levar semanas.

Discussões com publicitários

É interessante ver como é frequente a presença de produtos embalados em anúncios na televisão e na mídia impressa. Em muitas instâncias, a embalagem mencionada no anúncio promove junto ao consumidor uma recordação visual que ajuda a localizá-la na loja. Tipicamente, vemos a caixa de sucrilhos na mesa do café; nós a vemos sendo usada ao colocar os sucrilhos no prato. A imagem da embalagem fica conosco e passa a ser o elo entre a publicidade e a compra do produto. Com certeza, o anúncio em si foi mais sutil, oferecendo uma imagem de saúde futura para nós e nossa família – se comprarmos o produto. O prospecto de ser um bom provedor, cuidando, amando o humor e sendo amado nos fará ser invejados pelos outros, assim como nós invejamos os do anúncio. Nós precisamos comprar aquela marca e aquela embalagem.

Em muitos aspectos, criar uma embalagem é como criar um anúncio, talvez mais um pôster do que um anúncio em TV. O design de embalagem efetivo pode conter os mesmos elementos de imagem, marca, texto mínimo e impacto imediato que a publicidade usa. Há uma sinergia entre as duas atividades que cria uma compreensão imediata entre o design e a publicidade; ambos estão no negócio da comunicação. Pode existir uma aliança poderosa quando as duas partes estão engajadas no mesmo briefing e têm a oportunidade de trabalhar em conjunto. Na Grã-Bretanha, a publicidade e design de embalagem são frequentemente atividades distintas. Este não é o caso no continente europeu, onde a agência de publicidade é responsável pelo design da embalagem. A lógica nisto é clara para o design gráfico, talvez menos para o design estrutural, que requer *input* tanto técnico como criativo. As agências de publicidade têm uma invejável liberdade em exercer a inteligência, humor e a ironia, mas estas firulas estão ficando mais evidentes na embalagem. Um exemplo é a nova mensagem nas garrafas do ketchup de tomate Heinz. O que era uma marca séria e forte foi iluminada de repente, porém o humor não sacrificou nada de sua credibilidade ou suas qualidades de marca. Trabalhar como designer em paralelo a uma equipe de publicidade pode ser engraçado. Os clientes que gastam somas consideráveis raramente acham que o trabalho de design deva incluir qualquer grau de diversão. Em paralelo ao humor, o negócio criativo sério continua, e quando ambas as disciplinas estão envolvidas – design e publicidade –, podem produzir resultados poderosos.

Além da criatividade, as agências de publicidade têm um conhecimento consistente da motivação e do comportamento do consumidor, frequentemente comunicado visualmente de uma forma que é compreendida pelos designers instantaneamente. O encontro entre as disciplinas do design e da publicidade é altamente recomendado quando se procuram soluções criativas integradas.

Visitas à produção

Se a equipe de design não sabe as capacidades de produção da empresa-cliente, qualquer conceito radical de embalagem se torna puramente acadêmico. Qualquer mudança estrutural em embalagens existentes pode requerer uma visita ao local da produção.

Um dos principais benefícios de uma visita ao local de produção não é meramente técnica. Ela permite aos designers encontrar pessoas responsáveis pela produção e empacotamento do produto. Um resultado de sucesso frequentemente depende de haver boas relações entre todas as partes em um projeto de embalagem. Isso é particularmente verdade com o pessoal da produção, que frequentemente não é consultado a tempo e que pode ser isolado do processo de decisão tomado pela estrutura administrativa. É completamente compreensível que eles tenham ressentimento quanto a um consultor externo que introduza novos problemas no sistema produtivo, que provavelmente já esteja saturado. Se levarmos em consideração a idade de alguns maquinários de embalagem, isso será pouco surpreendente. Entretanto, os gerentes de produção têm a expertise e respondem a novas ideias desde que a aproximação certa seja feita.

Uma visita à produção deve ser completa, cobrindo todos os aspectos, da entrada de mercadorias, passando pela armazenagem, até o carregamento de veículos e a distribuição.

Se a embalagem atual for de acartonados dobrados, por exemplo, qualquer movimento na direção de contêineres rígidos pode implicar uma necessidade de maior espaço, o que pode não ser uma opção viável. O mesmo é verdade para linhas de enchimento e de embalamento, em que uma nova linha tenha que ser instalada para manipular uma nova forma de embalagem, com implicações para o capital a ser investido e retardos na produção. Os itens específicos da produção dependerão do briefing. Como exemplo, um briefing preparado por uma empresa de óleo requeria a substituição dos contêineres de chapa, de 5 litros, por contêineres de polietileno de alta densidade (PEAD). Os novos contêineres deveriam ser utilizados nas linhas de enchimento existentes. Aqui, o diâmetro dos novos contêineres não poderia se desviar do diâmetro dos contêineres originais, uma restrição imediata do design.

Dependendo da natureza do projeto, os designers podem considerar as limitações específicas da produção e as oportunidades de se assegurar que, qualquer solução de design que seja proposta, ela se adequará às limitações da produção. Ocasionalmente, haverá oportunidades para a introdução de uma nova planta, mas isso é raro na maioria dos projetos de embalagem. Frequentemente, introduzir equipamento auxiliar off-line ou on-line pode ser considerado, como superimpressão ou selamento de tampas por radiofrequência. Quando novos equipamentos de produção serão utilizados, o cronograma de produção precisa ser alterado para acomodar a entrega, a instalação e as provas. Mesmo que a maior parte do trabalho de design de embalagem esteja restrita à embalagem primária, quaisquer mudanças terão efeitos decisivos na embalagem secundária. Mudanças de medidas na embalagem primária pode significar que a máquina de envolver os paletes mais abaixo na linha não atenda as novas dimensões da embalagem.

Em algumas organizações e com alguns produtos, o armazenamento deve ser um item importante a ser considerado. A otimização da carga da paletização pode ser afetada pelas mudanças nas medidas da embalagem. Se o armazenamento for automatizado, qualquer sobra nos paletes pode ser proibitiva. Limitações similares podem onerar a distribuição, em que o carregamento dos veículos diretamente afeta a lucratividade. É fácil, quando se trabalha em um ambiente de um escritório de design, descuidar-se destes itens práticos. Uma visita ao local de produção, apoiada por fotografias do problema ou dos pontos críticos, esclarece a necessidade por uma solução integrada de design por toda a área da produção. Ela promove um maior entendimento do produto e dos esforços em colocá-lo no mercado.

A pesquisa de design é um passo responsável a ser tomado, mesmo que nem sempre ela aparente ser focada em atender as necessidades do consumidor. Em última análise, ela paga dividendos assegurando que o design não é apenas criativo, mas também prático e efetivo em termos de custos.

7

o processo de **design**

Há muitas avaliações do processo de design e discussões sobre se ele representa um progresso linear, porém a maioria dos designers concorda em que somente tornando-o físico – fazendo registros no papel, criando imagens no monitor ou produzindo modelos – é que estudos de design podem avançar. É um processo em parte criativo e em parte analítico. Pensar e expressar ideias são as áreas que a maioria associaria com o design, mas tem que haver um diálogo com o projeto em construção para se avaliar a direção adotada. É recurso comum se abandonar uma ideia em vez de forçá-la a dar certo. Este é um dos benefícios de se trabalhar como equipe. Os membros da equipe podem criticar o trabalho de outros, ajudando o projeto a progredir. Em projetos de design comercial, sempre será imposto um prazo, e esse prazo cria uma estrutura linear para as atividades do design. Pode ser flexível o suficiente para permitir que ideias anteriores sejam revistas, mas quando o relógio estiver ticando, o trabalho tem que prosseguir. Um prazo iminente aguça a mente.

Trabalho em equipe

Se entrarmos em um escritório de design, no início de um projeto novo, veremos que o briefing é que inicia o processo de design. O briefing pode ser fornecido verbalmente pelo cliente a um grupo de designers ou o escritório pode ser brifado por seus próprios dirigentes. A natureza do projeto, o valor para o escritório do cliente ou da marca e o tipo de trabalho influenciarão a composição da equipe de design. Outras considerações podem também ser aplicadas, incluindo compromissos existentes em outros projetos já em andamento e as cargas de trabalho já impostas. Portanto, nem sempre a escolha da equipe pode ser rápida e direta. Um diretor de design procurará criar uma equipe equilibrada que inclua homens e mulheres, designers seniores e designers juniores. Isso promove uma mistura de experiência, frescor e perspectiva. Seguindo o briefing, o projeto provavelmente não estará andando plenamente antes que uma pesquisa de loja seja realizada e exemplos da concorrência sejam adquiridos. A equipe pode estar trabalhando em outros projetos neste meio-tempo, mas o briefing inevitavelmente fará o processo se iniciar. Os escritórios de design não são locais para os clientes visitarem, pelo menos em visitas inesperadas. Eles podem parecer um ambiente desordenado e confuso, pode haver música e talvez alguns designers estejam olhando pela janela, bebendo café ou comendo pizza – todas atividades pelas quais os clientes estão pagando e que podem ser mal interpretadas. De fato, o ambiente do escritório pode parecer informal, mas é nesta atmosfera que as ideias nascem e a criatividade se nutre.

Se um projeto se refere a café solúvel prêmio, por exemplo, os designers provavelmente passarão tempo, seu próprio tempo, visitando lojas. Eles podem procurar locais onde o café é vendido e também produtos relacionados, como chocolates prêmio ou biscoitos. À medida que mais informações estão disponíveis, e o prazo fica menor, os designers começam a trabalhar no projeto, no início individualmente, talvez com o diretor de design olhando sobre seu ombro de tempos em tempos. Alguns designers são relutantes em dividir seu projeto com outros, particularmente se têm a impressão de ter uma ideia vencedora.

De qualquer forma, uma reunião da equipe requer que todo o projeto seja mostrado e discutido, cada designer explicando o pensamento que rege o partido que tomou. Ha áreas onde uma fertilização cruzada de conceitos ajuda o estudo a ir adiante. Devem estar claras neste estágio quais as opções de design têm mérito e quais devem ser descartadas. Mesmo que nenhum *input* técnico formal tenha acontecido, algum grau de avaliação técnica se torna valiosa. Avaliação técnica é essencial com qualquer projeto de design estrutural, já que revela ideias que podem ser caras de produzir ou que criem problemas de produção. Neste estágio, a avaliação técnica não precisa necessariamente excluir designs difíceis, deve alçá-los a ponto de aconselhar cuidados. Às vezes, características de um design aparentemente difícil podem ser resolvidas ao serem incorporadas em uma alternativa mais viável. Tendo compartilhado e avaliado seu pensamento conceitual, os membros da equipe devem olhar os conceitos em mais detalhes.

Equipes são constituídas de indivíduos. Há uma certa glória nos escritórios de design ao terem o seu projeto aceito pelo cliente como particularmente notável. Por outro lado, pode ser muito frustrante se seu trabalho tem pouco reconhecimento. Alguns administradores de escritórios encorajam o espírito de equipe, permitindo que os seus membros critiquem o trabalho um do outro, aumentando a coesão da equipe e encorajando os conceitos que tenham a participação de diversos membros.

Estímulos em design

Muitos escritórios de design estão localizados em grandes cidades, e por uma boa razão. Eles podem estar geograficamente próximos das matrizes das empresas-clientes e têm acesso a aeroportos para os clientes estrangeiros. O mais importante é que as grandes cidades oferecem um ambiente cosmopolita estimulante de onde os designers se alimentam. É aqui que as tendências se estabelecem, bem como a moda é lançada, e a vida é em geral mais rápida nas cidades. Londres é ainda a capital do design da Grã-Bretanha e onde muitas das mais renomadas empresas de design estão localizadas, mas agora outras cidades, incluindo Leeds, Edimburgo e Glasgow, estão se tornando centros de atividades de design. Em outras partes da Europa, as empresas de design atuam em Milão, Paris, Madrid e Barcelona.

O movimento da vida nas cidades pode injetar vitalidade nos designers e no seu trabalho, mas isto onera os custos do escritório e do pessoal. A tecnologia dos nossos dias faz com que os escritórios tenham menos necessidade de que as empresas de design sejam sediadas em grandes cidades, algumas já gerenciam contas importantes de localidades provinciais. Depende da natureza do trabalho. A Designers Republic trabalha em Sheffield, mas suas raízes são nas indústrias da música, assim como a maioria de seu trabalho; não há vantagem real em estar situada em outra localidade. Entretanto, muitas empresas de design de embalagens sentem a necessidade de permanecer em Londres e ter diferentes escritórios pelo mundo. Há pouca dúvida de que o estímulo da vida na cidade com acesso fácil a arte, moda e outras áreas do design induz designers conscientes de sua carreira para Londres.

O interior do escritório de design pode parecer um caos, com livros, revistas e exemplos de embalagens espalhadas ao redor, além de esboços e pedaços de projetos atuais e anteriores. Limpeza e design de embalagem não parecem ser compatíveis e certamente, quando o tempo está em questão, a limpeza e a arrumação do escritório passam a ser uma tarefa espasmódica. Um olhar mais aguçado, porém, revela que muito deste caos é material de estímulo. Ideias são obtidas de um grande espectro de fontes, particularmente de recortes de revistas e também de livros. Não apenas livros de design, mas também livros na periferia de projetos passados ou presentes. Uma biblioteca de um escritório de design pode conter livros sobre culinária, manuais sobre como treinar cachorros, horticultura, anatomia, fotografia, arte, carros, moda, arquitetura e muitos outros tópicos. Alguns sendo usados como referência – com detalhes sobre fruta kiwi ou sobre Cadillac 1956 –, outros com ideias estimulantes. A internet provê uma fonte pronta e copiosa de informação. É uma soberba ajuda ao pensamento do design e um provedor de imagens. Uma ferramenta de busca como o Google é particularmente útil. Selecione a opção de imagem e conduza uma pesquisa no tópico desejado. Também tem o beneficio de prover as últimas fontes de informação, tendências e padrões de comportamento.

Estimulando a criatividade

Criatividade não é restrita a designers, é uma qualidade fundamental a todos os indivíduos e foi trazida à luz em muitos aspectos do comportamento humano. Pode-se argumentar que a criatividade é evidente na matemática e na ciência, assim como na arte e no design. Não se está fazendo aqui nenhuma afirmação de que os designers têm o monopólio da criatividade, mas simplesmente que, diferentemente de muitas outras profissões, ganham o seu sustento exercendo-a no dia-a-dia. No mundo do design, nenhuma aptidão para a criatividade significa não ter trabalho. Tendo-se um escritório cheio de designers determinados a demonstrar sua criatividade, como essa energia pode ser controlada?

Designers individuais trabalham de forma diferente, mas a maioria fica muito motivada quando o prazo aperta. O tempo para raciocínio profundo e ponderação intelectual dá lugar à atividade mais frenética quando o administrador do escritório lembra que o cliente espera uma apresentação na próxima semana. Isso não que dizer que a maior parte do trabalho seja feita no último minuto, mas apenas que a fase do pensar dá lugar à fase do agir mais perto da data final do que o escritório gostaria de admitir para o cliente. Muito do pensamento de design mais inspirado aparece no último minuto, apenas aparente na tinta fresca dos *mock-ups* apresentados a eles. De fato, não é tão chocante como parece, porque é evidente que muitos designers estão pensando nos projetos em que estão trabalhando – e muitos projetos estão sendo executados em paralelo – muito antes de os prazos se esgotarem. De alguma forma, o trabalho de design foi acompanhado mentalmente desde o início e agora necessita de uma manifestação física desses pensamentos. O design, porém, pode mudar de direção durante a fase de ação. O esforço físico de fazê-lo é um processo de aprendizado e terá um efeito no resultado.

A aproximação de prazos-limite produz uma mudança de ritmo. É aqui que os designers iniciam a estender o que frequentemente já são longas horas. Não é incomum para eles trabalhar pela noite adentro, dando viradas e dormindo no escritório. As empresas reconhecem isso fornecendo refeição para quem trabalha após as oito ou café da manhã para quem vira a noite. Tornou-se parte da cultura dos escritórios abrir um champanhe para celebrar um novo cliente. Os escritórios de design têm que ser flexíveis nos seus arranjos de trabalho para atender as demandas dos clientes, mas também a demanda de quem trabalha para eles. Não há nada mais satisfatório do que um sanduíche de bacon no Covent Garden às seis horas da manhã após uma noite de trabalho dura, mas frutífera, em um projeto de design.

Pode parecer que controlar criatividade é como controlar um comportamento excêntrico e infundir um certo senso de aventura e camaradagem na solução de problemas particulares. O velho ditado "trabalhe muito, brinque muito" tem ressonância particular na comunidade do design. O diretor de escritório sábio facilita este comportamento, a fim de ajudar a fomentar a criatividade e direcioná-la em direção ao seu objetivo.

Métodos de trabalho

Designers individuais têm seus próprios métodos de trabalho, mas a maioria começará com esboços de ideias [*roughs* ou *rafes* como traduzido em nossa língua. N.T.] experimentando com conceitos diferentes. Quando sentem que alguns destes *rafes* têm potencial, eles serão trabalhados em desenhos mais elaborados, *renderings* ou nas telas dos computadores. Os escritórios podem ser equipados com Mac ou PC. Os Mac são mais intuitivos de utilizar com os softwares que os designers usam. Neste caso, são utilizados Photoshop e Freehand. Como embalagens são tridimensionais, não há substituto para se ver um modelo físico da embalagem. Nos estágios iniciais isto pode ser um modelo pouco refinado. No caso de cartonagem, isso é relativamente fácil, mas o problema real é quando o *mock-up* tem que representar uma garrafa de vidro ou um contêiner de metal ou simular filmes encolhíveis ou a impressão direta nos contêineres. Tudo isso pode ser produzido, mas na avaliação inicial pouco se justifica em termos de custo e tempo, e em todo caso os designs ainda estão em evolução. Os modelos em espuma ou em madeira geralmente são suficientes.

Fazer *mock-ups* dessa forma é parte do processo de design para qualquer projeto que envolva garrafas ou potes. Permite ao designer ver o que acontece a curvas, superfícies, ranhuras e outras características quando são contínuas à volta do contêiner. Os desenhos podem enganar a este respeito, enquanto a modelagem revela a verdade. Um ferramental básico de oficina torna mais fácil a modelagem. Além de ferramentas de mão, uma típica oficina de escritório precisa pouco mais do que lixadeiras, furadeiras de bancada e equipamento de *vacuum forming* para produzir *mock-ups* de espuma ou madeira. Adicionado a isso pode haver equipamento de coleta de pó, bancadas de trabalho e áreas de guarda de material. Alternativamente, pode-se utilizar as representações em 3D no computador. Estas permitem que os modelos sejam rotacionados e iluminados de todos os ângulos. Os acabamentos de vidro ou metal podem ser produzidos realisticamente. Os softwares 3D se aperfeiçoaram muito e se tornaram mais fáceis de usar.

Para se obter soluções mais imediatas para os problemas, a espuma ou a madeira ainda são mais rápidas e, muitas vezes, mais representativas.

O trabalho de design de embalagem frequentemente requer espaço para embalagem de papelão. Um local onde grandes placas de papelão possam ser manipuladas e cortadas com segurança é uma vantagem. Muitos produtos embalados se utilizam de caixas de papelão e espaço é importante quando se produzem *mock-ups* ou se desenham novas construções. Métodos mais sofisticados de produzir embalagens em papelão estão disponíveis onde softwares têm todas as receitas de corte, permitindo que o designer manipule suas dimensões e configurações. Estes programas permitem aos designers adicionar, por exemplo, um fecho de proteção a uma caixa, desenhando na tela as abas corretas e os cortes para poder produzi-lo. Se ligado a um *plotter* cortador de amostras, o design poderá ser cortado automaticamente de chapas com a tolerância própria à de peças industriais. Utilizando um equipamento adicional, a peça cortada pode ser printada em policromia com a imagem gráfica que foi elaborada em um micro acoplado. Estes sistemas proveem uma ferramenta ideal para se produzir modelos e mesmo produzir pequenas séries de caixas com qualidade quase reais, adequadas para pesquisas de mercado. Outro tipo de equipamento imprime em filmes, proporcionando uma fonte de embalagens de alta qualidade e de acabamento em embalagens flexíveis.

A provisão e a disponibilidade destes tipos de equipamentos para produzir amostras estão dando aos escritórios um meio rápido e preciso de apresentar seus projetos aos clientes.

Apresentando conceitos

As apresentações aos clientes têm a intenção de descrever o trabalho conduzido, mostrar designs que estão sendo recomendados e explicar por que outros foram rejeitados. Os clientes que estão pagando pelo trabalho têm o direito de ver o processo completo da atividade e de ter um *insight* no raciocínio da equipe de design. Desta forma, as apresentações são importantes e vale a pena prepará-las com cuidado, para que sejam positivas, lógicas e atraentes. Uma apresentação pobre terá pouco impacto e destruirá os esforços de toda a equipe de design.

A maior parte do tempo de projeto será inevitavelmente dedicada a procurar as soluções de design, mas a apresentação dos resultados forma uma narrativa que arredonda as atividades criativas. A escolha do formato é influenciada pela natureza do projeto, o tempo disponível para a apresentação, o julgamento das expectativas do cliente e o ambiente onde a apresentação se dará. As apresentações em PowerPoint, utilizando um projetor de dados e uma tela, é a forma conveniente de incorporar imagens e texto.

A apresentação deve explicar o progresso do projeto de forma lógica. Tipicamente, deve começar sumarizando o briefing, como uma lembrança dos objetivos a alcançar. A apresentação deve se basear no visual em vez de texto; isso cria interesse e animação. Fotografias da pesquisa em lojas podem enfatizar particularidades e ajudar a colocar o projeto no contexto das condições de venda reais e da atividade da concorrência. Muitas vezes, isso se torna uma surpresa para os clientes, se eles acham que o que acontece nos pontos de venda pode não ser verdade. Uma visita oficial de um líder de marca a um varejista é, na maioria das vezes, precedida pelo gerente da casa assegurando que o ponto de venda está exatamente em conformidade com a política da empresa. Numa situação normal, pode estar ligeiramente diferente. Cada fotografia deve acrescentar algo relevante ao estudo. Outras informações da pesquisa podem ser introduzidas, incluindo um sumário das conclusões da discussão com outras agências ou os resultados das visitas aos locais de produção. O cliente provavelmente terá a percepção do progresso do trabalho de design, mesmo que reuniões prévias tenham acontecido. Frequentemente, a equipe do cliente será representada por diversas pessoas, algumas delas não familiarizadas com os estágios iniciais do projeto. Decida de antemão quanto detalhe tem que ser recapitulado para esses neófitos. Sempre faz sentido ter ao menos um sumário do trabalho inicial do projeto.

As imagens na tela devem ser capazes de mostrar o trabalho, mas não substituem os *mock-ups* da embalagem. Os escritórios se utilizam de técnicas variadas. Um meio é mostrar o novo design pelo método "coelho saindo da cartola"; um outro é o remover painéis colocados sobre os *mock-ups* que estarão colocados em uma prateleira. Qualquer que seja o método, o objetivo é mostrar uma progressão lógica de raciocínio que explique por que o design tomou aquela direção em particular, fornecendo assim a argumentação para que seja aceito ou rejeitado. Raramente há apenas um design de embalagem que atenda o briefing, e usualmente há vários que atendam a alguns aspectos e não a outros. Por exemplo, um design proposto pode alcançar excelente resultado, mas pode ser caro de produzir. A apresentação pode conduzir a recomendações finais que conduzam a mais de uma solução. Ocasionalmente, pode haver um curinga no conjunto, talvez um pouco extravagante e empurrando o briefing aos seus limites, mas ainda assim tendo algum mérito. Este design pode ocasionar algum debate, mas não pode ser considerado um sério competidor. Há ocasiões em que os designers desafiam o briefing se acham que uma área foi subavaliada ou o briefing não considerou uma solução radical. Não há dano se os designers se afastarem do briefing e explorarem novas possibilidades que devem ser executadas em um tempo mínimo. Os clientes estão pagando para ter designs de acordo com o briefing e não querem ver seu dinheiro sendo desperdiçado. De qualquer forma, em muitas ocasiões uma ideia que parecia maluca deflagra a imaginação do cliente e promove uma nova rota para o trabalho de design. A apresentação é concluída com recomendações.

As apresentações devem ser dinâmicas e excitantes, progredindo ao ilustrar a criatividade acompanhada de análise crítica. Elas não são apenas um monólogo da equipe de design, mas uma oportunidade para a discussão e o debate. Normalmente, não é um bom sinal ter o cliente sentado quieto durante todo o processo. Deve ser estimulante o suficiente e que encoraje o cliente a participar, criticando, elogiando ou comentando. A empresa de design quer estender o projeto a fases adicionais ou obter novos projetos do mesmo cliente. Clientes estão interessados em conceitos que ampliem suas vendas ou que abram novos mercados, e no final aumentem suas atuações em sua própria organização, mas sempre com um olho nos custos.

Seguindo-se a uma apresentação há sempre uma avaliação no escritório onde ações futuras são propostas e planejadas. Se a apresentação tiver cumprido seu papel e um trabalho futuro tiver sido decidido, inicia-se uma nova proposta. É comum que haja pouco tempo para esperar pela nova proposta e o trabalho se inicie baseado na avaliação apenas. Quando os limites de tempo são curtos, o que é o caso de 90% dos casos, todos os envolvidos pressionam, com a perspectiva do aumento da burocracia. Há o perigo de que, no entusiasmo de se prosseguir o projeto, custos não sejam monitorados, criando desentendimentos internos no escritório. Em particular, se trabalho novo for acordado na apresentação, o cliente deve ser informado dos custos do projeto assim que possível. Muitas vezes, os clientes alegam que pensaram ou argumentaram que o trabalho adicional estivesse incluído na cotação inicial do estágio já completado.

8

design **estrutural**

Até certo ponto, é falso separar design estrutural do gráfico, já que ambos estão integrados no desenho total da embalagem. Ambos envolvem a mesma habilidade de design e o aspecto criativo, mas demandam uma experiência e conhecimento suficientemente diferentes para serem considerados separadamente. É usual que a forma da embalagem, a seleção da matéria-prima e da fabricação sejam desenvolvidas em primeiro lugar, bem antes do conceito gráfico. Isso é simplesmente uma medida prática, já que, enquanto a forma não for definida, de acordo com as limitações do material e do processo, as áreas de aplicação da gráfica não se definem. Isso não é para dizer que o conceito gráfico inicial deve ser relegado para mais tarde no processo de design – os dois desenvolvimentos devem progredir de forma coordenada, sempre que possível.

Os projetos de design estruturais de embalagem podem ser muito abertos, permitindo flexibilidade na escolha de materiais e processos, mas isso requer um conhecimento técnico fundamental. O designer precisa saber o suficiente para entender o que é possível ou o que parece ser possível com materiais específicos. Alguns escritórios empregam um designer que tenha esta base de conhecimento para aconselhar a equipe, porém, é importante saber quando se deve introduzir restrições técnicas: se for muito cedo no processo, podem reduzir a criatividade, se muito tarde, haverá perda de tempo no processo.

Planejando

A essência de um design estrutural de sucesso é um processo de planejamento. Isto se aplica da mesma forma aos projetos de design estrutural e a todos os outros tipos de estudo de design. O projeto precisa progredir em uma série de etapas, e cada etapa se constrói a partir de direções acordadas no estágio anterior. A complexidade de projetos individuais determinará o número de etapas, mas, para um típico redesenho de embalagem, há três:

Etapa 1

- Briefing;
- pesquisa: produtos da concorrência, pesquisa de loja;

- visita à produção: identificação de oportunidades e problemas;
- agência de publicidade: determinar objetivos e metas;
- análise de embalagens existentes: forças e fraquezas;
- conceitos de design: explorando a variedade de materiais e formas de embalar;
- reunião intermediária com cliente para apresentar recomendações;
- trabalho adicional: esboços, desenhos CAD, modelos primários, cotações de soluções propostas;
- apresentação ao cliente: soluções de design recomendadas.

Etapa 2

- Trabalho de design adicional nas alternativas candidatas;
- construção de modelos;
- estabelecer as especificações;
- estabelecer custos: departamento de compras e fornecedores;
- executar modelos para a pesquisa de mercado, se necessário.

Etapa 3

- Modificações finais;
- desenhos finais e especificações;
- ligação com fornecedores, protótipos;
- experiências de produção: enchimento e testes de transporte.

Esses estágios são baseados no desenvolvimento de uma embalagem com uma variação de tamanho e que não inclui nenhum trabalho gráfico, a não ser trabalho inicial e exploratório, a fim de estabelecer o potencial gráfico. A etapa 1 é destinada a coletar informações e gerar os conceitos iniciais. É aqui que as grandes ideias surgem para desenvolvimento nas etapas posteriores. Isto torna a etapa 1 a mais longa e mais cara do projeto.

Criando designs estruturais

Tendo-se completado a pesquisa, ou durante a fase de pesquisa, os conceitos de design já estarão se formando. Os designers individualmente trabalham de forma diferente, alguns esboçando ideias, outros começando direto na tela, alguns iniciando modelos em espuma. Os estudantes de design, em particular, frequentemente enchem páginas e páginas de cadernos de esboços com pequenas formas malucas procurando, sem dúvida, por uma peça inspirada de design que tome o mundo de assalto. Esta não é a forma certa. Primeiro, qualquer trabalho de design deve ser alinhado ao briefing e à pesquisa conduzida. Formas abstratas podem ser interessantes, porém mais frequentemente falham em atender os itens principais e por isso são irrelevantes e uma perda de tempo. O trabalho profissional de design requer uma aproximação criativa e focada desde o início.

O segundo ponto importante é começar a trabalhar rapidamente na dimensão original da embalagem ou pelo menos em uma dimensão que seja suficientemente grande para mostrar os detalhes. O design tridimensional frequentemente é muito sutil, contando com curvas e detalhes, a fim de criar o caráter da embalagem. Estas sutilezas não podem ser captadas em esboços pequenos. Similarmente, é frequente o erro de ir diretamente para trabalho gerado no computador antes de os pensamentos iniciais serem registrados no papel. É muito mais rápido produzir ideias iniciais no papel do que gerá-las na tela. A habilidade de desenhar continua sendo um pré-requisito para os designers. Os desenhos gerados no computador têm o seu lugar e o PC é um meio soberbo, só que ele vem mais tarde quando os esboços iniciais necessitarem finalização e refinamento.

Para se iniciar um projeto de design, é necessário entender os seguintes pontos-chave:

- Saber para quem estamos desenhando – o perfil do consumidor.
- Ser claro a respeito das figuras de retórica a serem incorporadas.
- Conhecer o setor do mercado.
- Entender a natureza do produto – as características do produto.
- Saber onde o produto será vendido – seus pontos de venda.

Não posso superenfatizar a importância de se usar o design estrutural como um método de criar ou reforçar o branding. É uma imediata e poderosa referência visual à marca, necessitando de pouco em termos gráficos, para auxiliar a identidade da marca. A garrafa da Coca-Cola é um exemplo primeiro disso. Apesar de o produto ser disponibilizado em latas, é a garrafa cinturada original que continua distinta e que identifica imediatamente a marca.

O Capítulo 5 forneceu informações de como atingir os consumidores e estabelecer um perfil do consumidor. Isto é vital para o design estrutural, assim como para qualquer outro tipo de design. Quanto mais visível este perfil, melhor, de forma que o trabalho de design possa progredir com a imagem do comprador ou do usuário em mente. Isso significa que todos os envolvidos na equipe podem se referir mentalmente a esta imagem e perguntar se algum conceito ou ideia terá apelo no mercado definido.

Quando o briefing envolve lançar um produto radicalmente novo, é possível criar uma forma distinta que proverá o *benchmark* nesta categoria ou estabelecer um novo nicho de mercado. Exemplos prévios disso incluem as batatas Pringles e a água Perrier, ambas as marcas utilizando a forma como um ponto de diferença. Sucesso deste tipo rapidamente atrai produtos “nós também”. No setor de águas engarrafadas prêmio, há agora diversas marcas “se chegando” ao território da Perrier, criando uma identidade de setor em vez de uma diferenciação de marca.

Incorporando imagens de retórica

As imagens de retórica são um conceito intangível e abstrato constantemente utilizado pelos designers. São as traduções de indicações, incorporadas a um objeto para um entendimento mental e uma classificação daquele objeto. Isso pode ser deflagrado por qualquer um dos sentidos humanos ou por uma combinação de sentidos. Embalagem pode primariamente ser um meio visual, mas as figuras que evoca podem também ser estimuladas pelos nossos sentidos de toque, audição e olfato. Se o design gráfico é um provedor visual de imagens de retórica, o design estrutural permite o uso destes outros sentidos.

O design de embalagem será dirigido a um mercado em particular, mas a imagem de retórica utilizada tentará acionar as aspirações emocionais do comprador dentro do mercado identificado. Isso será mais claro com um exemplo: Se uma empresa tiver identificado um nicho de mercado para uma geleia natural e orgânica de frutas, ela pode querer sugerir que o produto seja de execução artesanal. As imagens usadas devem evocar um sentido de valores tradicionais, são uma volta a uma época em que as geleias eram feitas de maneira tradicional. A maioria dos consumidores de geleia provavelmente não tem experiência em primeira mão de fazer geleia e deve ser muito jovem para ter alguma lembrança de ver um pote de geleia com uma tampa tradicional recoberta de tecido quadriculado. Entretanto, este design foi adotado largamente como um item gráfico em tampas de geleia, e está de alguma forma ligado ao passado e à geleia que nossas avós faziam.

Há alguma associação de ideias que não são necessariamente baseadas em experiências reais, mas na percepção de valores passados. Fazer o pote em poli(etileno tereftalato) (PET) teria o efeito de estragar essa imagem. Um pote plástico não se identifica com os valores tradicionais e lhe faltam os valores táteis e o peso do vidro. De fato, quanto mais pesado for o pote, maior a sensação reforçada de valores tradicionais. Os designers podem estar vendo os vidros do passado como base, até com as imperfeições do vidro e com sua característica de incorporar efeitos em relevo. A tampa também é significativa, com uma de borda larga indicando mais tradição do que uma mais rasa. As imagens ou figuras de retórica se destinam a criar uma série de dicas a fim de estimular a imaginação. Aqui algumas dicas dadas por:

- vidro, um material tradicional;
- peso, dando um sentido tátil de qualidade;
- gravação em relevo, reforçando a tradição;
- tampa larga, imitando um estilo antigo de apresentação;
- tecido quadriculado na tampa, outra referência à tradição.

Talvez haja uma certa decepção em tentar conferir uma imagem de produção caseira a um produto feito industrialmente. Mas os consumidores não são enganados por tentativas ou decepções. Se a embalagem final é elaborada demais, se ela se tornar inaceitavelmente cara, ou se, pior de tudo, o produto não estiver à altura de sua apresentação, aí ele será simplesmente evitado e permanecerá nas prateleiras. Elementos de tradição são bons, mas estamos vivendo no nosso mundo hoje, onde compradores são altamente informados sobre produtos. Exagerar na imagem é perigoso.

O uso de imagens é vital para estimular as vendas e atingir novos mercados. Isso é particularmente relevante quando os mercados estão em decadência ou falhando em atrair novos consumidores para o setor. Há vários setores em que o perfil de envelhecimento do mercado está levando o produto com ele, sem a renovação de novos consumidores; o chá, por exemplo, cujas boas novas são as de que os seus apreciadores, que representam uma classe de perfil mais velho no mercado, estão vivendo mais. O mercado de 50+ está em expansão, e por isso esse grupo de idade está levando seus hábitos com eles. As más notícias são de que o chá não é uma bebida de moda para uma audiência mais jovem. O café e os refrigerantes são a norma para pessoas mais jovens e permanecem como um padrão.

Uma situação similar existe com o uísque escocês. São os membros mais velhos da sociedade que bebem o *scotch*, enquanto o segmento mais jovem bebe Jack Daniel's, vodka ou muitos dos populares drinques mixados, de diversas origens. Para os fabricantes de uísque, é uma questão mudar as atitudes e a imagem do produto, a fim de ter apelo a uma audiência mais jovem. Esta não é uma tarefa fácil e dificilmente alcançável apenas pela embalagem. A publicidade das maiores marcas, particularmente Glenmorangie e Bell's, está se dirigindo a este segmento por meio de campanhas na televisão, retratando o uísque como um produto sofisticado para o grupo de 30 e poucos anos.

Um novo produto de nome Jon, Mark & Robbo Whisky adota um acesso não tradicional pensado para ter apelo a um mercado mais jovem. A garrafa de vidro tem uma aparência distinta finalizada à mão e um fechamento selado com cera. O uso de um rótulo simples isento da tradição usual, em conjunto com um rótulo móvel atado com um barbante, reforça a imagem de ser feito à mão. O produto está sendo lançado nos licenciados Oddbins, onde esse seu aspecto não tradicional se encaixa bem com a decoração. É evidente que o produto foi desenhado com isso em mente, com um cuidado especial aos métodos do ponto de venda que Oddbins utiliza. Continuando com o uísque, o design da garrafa do Glenrothes Single Speyside Malt (Figura 8-1) traz modernidade e uma forma única a um produto tradicional. O design deriva de garrafas de amostras de uísque usadas nas destilarias e, portanto, não conhecidas da maioria dos consumidores. Por estender a ligação e utilizar o exemplo do rótulo de identificação ao estilo "feito à mão", a apresentação final segue por meio do conceito original. O design estrutural provê a habilidade de conseguir uma identidade de marca única apenas com a manipulação da forma, que permite uma identidade imediata de marca ou de produto sem o recurso da gráfica. Lançada em 1916, a garrafa cinturada da Coca permanece diferenciada até os dias de hoje. Com a proliferação de novas formas, torna-se realmente mais difícil obter uma forma de embalagem realmente distinta. Mas lembre-se: se uma embalagem é diferenciada dentro do seu segmento, ela terá sempre destaque.

Figura **8-1**

Forma única da garrafa Glenrothes confere modernidade a um produto tradicional

A garrafa Glenrothes Speyside de uísque malte utiliza uma forma única para criar uma identidade de marca. Desenhada a partir de garrafas originais, a imagem é reforçada pelo uso de um rótulo de identificação "desenhado à mão".

O uísque Jô, Mark e Robbo usa um conceito não tradicional desenhado para ser atraente a um mercado mais jovem. A garrafa de vidro tem um acabamento feito à mão, reforçado pela tampa recoberta com selo de parafina. A imagem tira o produto do tradicional para um produto acessível a clientes mais jovens.

Fonte: Pelikan Relações Públicas Ltd. The Easy Drinking Whisky Company

Benefícios ao consumidor

Os benefícios ao consumidor são aqueles atributos que ampliam a experiência dos consumidores no uso de um produto particular. Eles adicionam valor a produtos e marcas, criando um fator de diferença entre os formatos-padrão e aqueles que oferecem algum tipo de vantagem. A intenção de marketing deve ser clara, os consumidores devem perceber e experimentar benefícios reais em conveniência, economia de tempo, aumento da eficiência do produto, na armazenagem ou em algum outro item. Creme em formato de aerossol oferece uma forma fácil de servir comparado com creme em um pote termoformado. Não garante, contudo, o sucesso do produto, já que preço e qualidade do produto são influências de grande força. O que faz é tornar o creme em aerossol diferente do produto concorrente em aparência e em conveniência oferecida.

O design estrutural promove uma oportunidade sem igual de incrementar benefícios ao consumidor na embalagem. Alguns dos mais importantes benefícios a serem considerados são:

- facilidade de abertura, de fechamento e de vedação;
- habilidade de efetivamente servir o conteúdo;
- facilidade de manejo;
- oportunidades de ver e sentir o produto antes da compra;
- facilidade de descarte após o uso;
- evidência de falsificação, segurança e integridade do produto.

É função primeira da embalagem considerar o usuário final e fazer com que a abertura, o servir e o uso do produto sejam os mais simples possíveis. A crítica cada vez mais frequente à embalagem é a frustração de não se conseguir abri-la. Pessoas com deficiências nos movimentos das mãos sentem dificuldades para abrir embalagens. Os problemas enfrentados por este setor devem ser corrigidos para se prover soluções para nós todos; isso se chama design de inclusão (páginas 66-67). Produtos envoltos em filmes plásticos são mencionados em todos os grupos de consumidores como sendo difíceis de abrir, com os CDs e DVDs encimando a lista. Mesmo que estes produtos estejam no mercado há muitos anos, embalados neste mesmo formato de filme e apesar do alto nível de reação do consumidor, a embalagem continua inalterada. É nada mais que um desastre de design. Mesmo quando fitas de desempacotar são adicionadas, como nas embalagens de cigarros e em biscoitos embalados em filme plástico, estas tiras são ineficientes e pouco óbvias. Embalagens acartonadas de sucos de frutas ou de leite são escrachadas pelos consumidores como sendo difíceis de abrir sem derramar o conteúdo. Os fabricantes respondem introduzindo estilos que incorporam tampas plásticas e fechos que contornam o problema.

Quando um detalhe provê um benefício ao cliente, este benefício deve ser bem óbvio ao consumidor, preferencialmente antes da compra. Benefícios sutis, escondidos, podem requerer explicação (raramente lida) ou uma experiência anterior do produto. Frequentemente, um benefício deve ser evidenciado por um flash de vendas na embalagem. As embalagens de cereal que incorporam um dosador precisam ter a mensagem "agora com dosador fácil de usar". Benefícios mais óbvios ajudam a retirar os produtos da prateleira, já que são vistos e apreciados mais rapidamente. Sabonetes líquidos com um dosador em ângulo, como o pioneiro Toilet Duck [ou Pato Purific em nosso mercado. N.T.] são um exemplo em que o benefício ao consumidor é óbvio antes da compra e necessita de pouca explicação. Estes detalhes promovem a vantagem da marca por um tempo, mas inevitavelmente atraem uma competição do "eu também". Logo todo o setor de sabonetes líquidos adota dosadores em ângulo e a procura por novos benefícios ao consumidor se inicia.

O setor de refeições de conveniência pré-embaladas é o de maior crescimento no mercado de varejo de alimentos. Oferta de produtos individuais atingem nichos de mercado com uma grande amplidão demográfica. Mães que trabalham, pais separados frequentemente têm pouco tempo ou energia de preparar uma refeição para a família. O tempo para as refeições é fragmentado, com os membros da família requerendo comida em horários diferentes. As refeições pré-embaladas oferecem uma solução conveniente e também reduzem a frequência das compras. Refeições prontas para o micro-ondas oferecem tempo reduzido de cozimento e também permitem às crianças cozinhar sua própria comida de forma segura quando os pais não estão presentes. O setor de refeições de conveniência atinge os grupos ABC1, geralmente ricos em moeda e pobres em tempo. Aqui as ofertas de produtos estão ficando cada vez mais sofisticadas para atender aos gostos mais elaborados.

Dentro de um setor de produtos tão vasto, cobrindo uma oferta de produtos extensa, em formatos congelados, frios ou naturais, é talvez difícil ver como ainda podem ser incorporados benefícios ao consumidor por meio do design estrutural da embalagem. Adiante no Capítulo 12, está explicado como algumas novas tecnologias podem contribuir para isso. A maioria dos benefícios aos consumidores colocados nas embalagens tenta fazer o produto amigável ao usuário. Dois exemplos disso são os *dispensers* de farinha incorporados em sua embalagem e alças de elastômero plástico incorporadas a garrafas. Há talvez outros desenvolvimentos significativos em outros setores.

Remédios prescritos frequentemente se valem do fato de o paciente ser capaz de seguir a dosagem especificada pelos médicos. Mas isso cria problemas de lembrar quais já foram tomados, além de um aumento de tabletes e pílulas. Foram desenvolvidas embalagens estruturais identificando claramente a frequência dos medicamentos e tornando a dosagem mais fácil para pacientes com pouca destreza manual. Mesmo que os consumidores tenham pouco ou até nenhum poder de especificar uma marca farmacêutica ética, o pessoal médico e clínico pode influenciar a seleção da marca. As marcas farmacêuticas também estão, por isso, sob pressão para desenvolver embalagens com benefícios ao consumidor. Equipamentos médicos utilizados em procedimentos clínicos também podem ganhar fatias de mercado por meio do design estrutural da embalagem. Por desenhar uma embalagem de brocas dentais apresentadas aos dentistas em formato organizado em forma de carrossel, a marca ganhou uma fatia maior de mercado sobre seus concorrentes.

Todos os tipos de aplicação de embalagens, incluindo benefícios ao consumidor, têm um efeito direto na promoção encorajando uma lealdade à marca. Ultimamente isso adiciona valor ao produto e incrementa o lucro. Os designers de embalagem devem sempre considerar o usuário final e tentar incrementar sua experiência do produto e da marca, incorporando benefícios ao consumidor.

Seleção de materiais

O design de embalagens estruturais requer conhecimento dos materiais, suas propriedades, os métodos de produção e processos de conversão. É muito ingênuo para o design progredir sem uma decisão de materiais ou dos processos envolvidos. É pouco provável que a forma ou configuração desejada para a embalagem que contenha geleia de morangos permita uma decisão subsequente sobre o material. O resultado de um design de um contêiner para geleia será muito diferente dependendo se for feito de metal, vidro ou plástico. A seleção de material deve vir primeiro, mesmo que seja genérico nas etapas iniciais do design, isto é, não é especificado exatamente qual metal, plástico ou vidro será utilizado. Aqui estão as categorias básicas dos materiais que podemos utilizar:

- madeira;
- papel e cartão, sólido ou corrugado;
- vidro;
- metais, principalmente aço e alumínio;
- têxteis.

A embalagem pode ter também uma estrutura composta que combina materiais ou pode usar materiais pouco comuns, como cortiça, palha ou cerâmica.

Dentro da categoria dos plásticos somente, há possibilidades quase ilimitadas e novos materiais estão constantemente em desenvolvimento. Esperar que um designer especializado em embalagens tivesse conhecimento em profundidade de todos os materiais e processos é fora da realidade. De qualquer forma, os designers devem ter um conhecimento básico e pelo menos conhecer as limitações e possibilidades em cada categoria de material. Após isso, a ajuda de um especialista é necessária.

No início de um projeto, os designers devem conhecer a natureza do produto, já que isso, muitas vezes, dita a escolha do material. A necessidade de manter a integridade do produto contra, por exemplo, degradações pela umidade, odores ou raios ultravioleta pode ser crítica para alguns tipos de produtos. Outras restrições na seleção de materiais podem ser introduzidas por meio da necessidade de se utilizar certos processos de produção ou equipamentos. O processo de produção do produto, a vida de prateleira, armazenagem e os requisitos de transporte também fazem parte da equação. A escolha de materiais terá uma importante ligação com a imagem que se quer e como o produto é utilizado. Adicionalmente, haverá consequências de custo resultantes da seleção de materiais, não apenas pelo material em si, mas pelo processo utilizado na sua conversão.

O processo de seleção de materiais é ilustrado melhor por meio de exemplo. Considere um briefing para um óleo de motor prêmio e suponha que a marca seja de uma das maiores lojas varejistas de multimarcas. Apesar de seus supermercados veicularem alguns produtos para cuidar do carro, elas não têm uma marca de óleo própria. O óleo deve ser embalado em unidades de 5 litros e será vendido nas lojas, nas revendas de gasolina e minimercados da empresa, onde será exposto ao lado de marcas internacionais reconhecidas. O óleo é um produto de performance para automóveis de alta performance. A empresa está posicionada desta maneira com conhecimento prévio de que proprietários de carros de alta performance raramente trocam seu próprio óleo, eles deixam que a BMW ou a Mercedes troquem para eles. O mercado real é o de jovens e entusiasmados proprietários de um automóvel de cinco anos, que amam seus carros e que estão constantemente adicionando escapamentos enormes, pinturas especiais e sistemas de som e iluminação. Os carros mais velhos, diferentes dos mais novos, usam óleo e o supermercado vê aí uma oportunidade de vendas. A audiência pretendida é a de compradores frequentes de gasolina, que serão expostos ao produto nas gôndolas das revendas.

Tendo estabelecido este cenário, o designer de embalagem é confrontado imediatamente com uma escolha de materiais. Vidro já foi utilizado para óleo de motor, mas apenas para embalagens de menor tamanho. Um contêiner de 5 litros simplesmente não será prático, já que há alto risco de quebra. Cartão é uma possibilidade, como normalmente utilizado para sucos de frutas. O material é uma estrutura complexa laminada de filmes que tem sido utilizada para óleo de carro de 1 litro. Poderia esta estrutura ser ampliada para 5 litros? Seria muito pesada para o material? Seria apropriada para um óleo para motor de alta performance? Como será cheia?

Estas questões devem ser respondidas, e outras também. Apenas se houver uma negativa clara o conceito pode ser abandonado, mas designers não devem ser muito apressados em rejeitar uma ideia, a não ser que tenham uma boa razão. Da mesma forma, um conceito que não funciona não deve ser forçado, mesmo que o designer se sinta protetor de uma ideia radical. A maioria dos designers passou por algo semelhante em sua carreira e a maioria admite que, mesmo que relutantes, reconhecem quando uma ideia deve ser arquivada. Deve ser mantida em uma pilha de ideias para uma outra ocasião.

No caso do papelão, um recipiente flexível em uma caixa pode ser uma solução. Isso requer uma caixa externa de corrugado com um recipiente em filme plástico fino no interior. Vinhos e outros líquidos são embalados desta forma, em dimensões de 5 litros e acima. Nós sabemos que óleo de motor é encontrado em contêineres de plástico (PEAD) e há uma boa chance de um protetor interno de plástico em PEAD ou uma alternativa de um material mais flexível de base plástica serem adequados. Há também outras vantagens potenciais. Se o protetor é dobrável, não há nenhuma necessidade de retorno do ar, oferecendo um potencial de se esvaziar a embalagem sem este incômodo. Do ponto de vista ambiental, o protetor utiliza menos plástico do que um contêiner rígido de plástico, enquanto a caixa externa de papelão tem resistência e é reciclável. Há restrições para a forma. A embalagem é efetivamente um cubo, mas isso traz vantagens para a armazenagem e a distribuição e evita a necessidade de contêineres externos utilizados atualmente para embalar quatro contêineres convencionais plásticos de 5 litros de óleo. Além disso, o exterior de corrugado oferece a oportunidade do uso de gráfica total na superfície. Incorporando-se um bico especial, o verter será facilitado e será possível incorporar um recorte na caixa exterior de forma que ela indique a quantidade já utilizada.

Esse conceito é tecnicamente factível e oferece alguns valores positivos, mas pode ser que não seja possível enchê-lo nas linhas de produção existentes, apesar de adaptações serem possíveis para óleos prêmio, cuja produção não seja tão grande. As imagens de retórica dos carros velozes serão somente fruto da gráfica aplicada e não do formato da embalagem, porém a forma cúbica será totalmente diferente de todos os produtos concorrentes e do que vier mais adiante.

As embalagens de óleo requerem dois tipos de ajuda no manejo. Uma ao carregar e outra ao verter seu conteúdo. É possível incorporar uma alça para carregar ou um possível recorte no corrugado a fim de ajudar a verter o óleo no motor. Há potencial suficiente neste conceito que pode torná-lo um competidor sério a ponto de se fazer uma avaliação futura mais cuidadosa. Esta avaliação deve incluir uma revisão de materiais selecionados e sua capacidade de atender a função desejada. Para o recipiente flexível, isto significa primeiro uma compatibilidade de longo prazo com óleo de motor, mesmo sob condições climáticas diferentes.

O polietileno de alta densidade (PEAD) é neste momento a opção preferida no mercado de óleos para motor e deve ser plenamente explorada neste estudo. Os contêineres são soprados, requerendo que o designer ou equipe de design entendam as oportunidades e limitações do processo. O material e o processo de sopro permitem um alto grau de flexibilidade de design para a forma e seus detalhes. A eficiência em verter é uma exigência-chave, particularmente a prevenção de refluxo do óleo. A rota interna do contêiner feito em sopro promove um retorno do ar pelo meio da alça vazada, reduzindo o refluxo. Há também uma ampla possibilidade de incorporar relevos em áreas ou mesmo de se texturizar faces. O PEAD normalmente incorpora pigmentos na matéria-prima a fim de cumprir com as cores especificadas. Aditivos metálicos e perolados podem ser utilizados para ajustar a finalização da garrafa e complementar os requisitos de imagem. O PEAD pode certamente ser um concorrente à altura do design e deve ser explorado de forma similar ao conceito recipiente na caixa.

Chapa-de-flandres provê a terceira alternativa. Historicamente, chapa-de-flandres tem sido o material escolhido para óleo de motor. O processo de fabricação permite que se use gráfica de alta qualidade sobre todo o corpo da embalagem, diferentemente dos contêineres de PEAD, que requerem rótulos ou impressão em *silkscreen*. Porém, a forma e a configuração são limitadas, de modo que a imagem se beneficiará da impressão, assim como no conceito da caixa com recipiente plástico.

Este exemplo ilustra a seleção de material para um produto essencialmente prático em que três dos materiais mais comuns são competidores pelo design. A experiência do produto em comprar e usar óleos para motor é parcialmente uma questão de imagem, porém também é assegurada pela performance de verter o óleo. Em outras áreas de produtos, a ênfase pode ser bem diferente, requerendo dos designers considerar outros materiais, combinações de materiais e acabamentos dos materiais. Um relógio de 2.000 libras esterlinas pode justificar o uso de couros, têxteis e madeira na construção da embalagem. Produtos deste tipo, com alto valor e baixo volume de vendas, são exclusivos e demandam exclusividade na sua apresentação. Mesmo assim, o orçamento de embalagem ainda terá um limite – sempre tem. Este tipo de embalagem pode ser desenhado na Grã-Bretanha, mas frequentemente, por motivos de alto custo de mão de obra, é encomendado no exterior.

Embalagem não é apenas um meio visual, ela interage conosco durante o seu uso. O seu tato evoca uma resposta emocional, uma experiência que ligamos ao produto. Esta experiência sensorial pode ampliar ou diminuir nossa percepção do produto ou marca. A mesma satisfação que sentimos em fechar a porta de um carro de luxo – a reafirmação da solidez – é uma propriedade a que a embalagem aspira incorporar. Mecanismos que funcionem a um toque, tampas que se retornem e fechem bem são experiências satisfatórias que reforçam nossa decisão de compra de uma marca e não de outra. Em nossa experiência diária, estamos rodeados por produtos que estão começando a ser cada vez mais sofisticados e que procuram incorporar uma resposta emocional recompensada por meio da estimulação sensorial. Não apenas apreciamos esta satisfação sensorial no uso dos produtos, começamos a esperá-la. Mesmo um carro de preço modesto incorpora agora uma caixa de marchas que se tem prazer em usar. Mudanças imprecisas são coisa do passado. Apreciamos coisas que funcionam, mas, talvez mais ainda, gostamos de coisas que sentimos trabalhando.

Com embalagem, entretanto, a revolução para a operação suave, sofisticada e satisfatória raramente é atingida. Frequentemente, caixas de CD desmontam, linhas de picotes não rasgam perfeitamente, bicos serve-fácil não abrem, tampas grudam nos produtos e caixas não abrem como devem. É certo que embalagem é extremamente sensível a preço e as margens são mínimas, mas isto é mesmo uma desculpa? Aqui, algumas pistas. O uso de latas com anéis de puxar para produtos *commodity*, como tomates em lata, teve boa aceitação entre consumidores. Podemos classificar isso como um primeiro passo. Ele provê o consumidor com um benefício, em vez de uma resposta emocional. Indica que os consumidores serão persuadidos à compra com base na performance da embalagem. Quando aumentamos nossas expectativas de performance dos objetos da vida diária, as marcas que oferecem embalagens muito bem desenhadas e produzidas podem se beneficiar, à custa das que não oferecem.

Mecanismos que oferecem uma experiência sensorial satisfatória ao usuário podem bem ser um fator importante na seleção de marcas. A percepção sensorial também está envolvida em outra área – embalagem tátil. Em nossa vida diária, estamos constantemente tocando objetos e recebendo uma resposta instantânea, que frequentemente é subliminar, a não ser que a experiência seja não prazerosa. Ao final do dia, não saberemos recordar nossas sensações de tato da mesma forma que as visuais ou auditivas. Na maioria das situações, vemos o que tocamos e as duas percepções se combinam e nos dão um entendimento ampliado confirmando a expectativa visual. Pesquisadores na Universidade de Leeds estão investigando o tato, utilizando um teste que nega acesso visual aos objetos ou materiais que estão sendo tocados. Os pesquisadores estão testando acabamentos de superfície para obter respostas dos entrevistados quanto ao sentido de qualidade evocado por tocar materiais jateados ou de acabamento acetinado. O programa está em seus primórdios, mas já há interesse de fabricantes de embalagem que poderiam utilizar revestimentos e tratamentos de superfície que forneçam indicações táteis. Para aplicação em embalagens, é provável que, onde a embalagem é vista e sentida, estas indicações vão adicionar uma estimulação tátil à percepção visual da embalagem, ampliando a experiência total do consumidor. Já vimos insertos de elastômero aplicados a algum gel para banho. Este plástico macio e agradável é usado para prover firmeza, mas também estimula o senso de tato da mesma forma que um teclado de um celular.

É evidente que a escolha do material e o acabamento do material têm um importante papel em dirigir um estudo de design. A seleção de material e o método de produção da embalagem determinam a rota do design que deve ser seguida. Não é apenas uma questão da forma da embalagem. A escolha do material tem implicações no manejo, na imagem, no uso do produto e no uso da gráfica. Por meio de treinamento e da experiência, os designers podem aprender a respeito dos materiais básicos, suas características e métodos de manufatura. Para um conhecimento mais detalhado e especializado, eles devem se dirigir aos fornecedores.

O papel dos fornecedores

Os fornecedores de embalagem frequentemente têm seu estúdio de design, especialista em seu próprio material, média ou especialidade. Os fornecedores de vidro e contêineres plásticos utilizam facilidades CAD/CAM (design assistido por computador/fabricação assistida por computador) como uma fonte de design e execução de ferramental. É possível utilizar fornecedores como uma fonte de design quando o conceito da embalagem é conhecido e este procedimento se prova eficiente. O conceito de uma embalagem de cartão dobrado pode ser detalhado rapidamente usando-se um software especialista antes de o protótipo ser feito num corte a *laser*. Quaisquer detalhes ou erros pela equipe original podem se facilmente remediados.

Mesmo que a maioria dos escritórios de design de embalagem utilize software que possa gerar dados em CAD, eles provavelmente não têm o conhecimento detalhado dos fornecedores. A produção do escritório de design é frequentemente restrita a *renderings* na tela de objetos tridimensionais, apesar de que há um aumento do uso da prototipagem rápida, como a esterolitografia, que está ganhando terreno, produzindo assim um objeto real. Idealmente, fornecedores devem ser envolvidos no estágio do conceito de design, de forma que possam avaliar os candidatos ao design do ponto de vista da produção. Eles podem então contribuir para o estudo por meio de aconselhamento de materiais e modificações que conduzam à redução de custos, por meio de economia de material e velocidade de produção. A responsabilidade por produzir a embalagem final será deles, por isso é importante que seus pontos de vista e opiniões sejam ouvidos. Às vezes, as limitações de produção ou as economias de custo podem começar a influenciar o design. É natural que certos fornecedores procurem uma solução em que eles tenham confiança em fornecer, uma vez que não desafie a tecnologia corrente. Os designers são efetivamente os guardiões do design, assim um meio-termo precisa ser encontrado. Novamente, os fornecedores procuram de forma crescente meios de avançar sua capacidade de produção quando se convencem de que isso basicamente irá aumentar seu retorno. A forma ótima de trabalhar é cooptar a equipe do fornecedor em um estágio inicial, de modo que fique excitada e entusiástica a respeito de qualquer novo design. Ela também trará novas contribuições e sua própria criatividade ao esforço da equipe. Os fornecedores podem trazer os seguintes conhecimentos à equipe de design:

- conhecimento de materiais e processos;
- modificações de design que aumentem a produção;
- custos;
- cronogramas de produção e avaliação de prazos.

O prazo para o envolvimento do fornecedor acontece quando conceitos iniciais de design estão estabelecidos. Esboços, desenhos e modelos iniciais devem ter sido preparados neste ponto a fim de possibilitar uma avaliação pelo representante do fornecedor. Problemas com o design podem ser identificados, modificações, sugeridas, e preparados custos tanto para o ferramental como para unidades. O cronograma para o projeto também pode ser estabelecido.

A experiência do fornecedor é essencial sempre que ferramental esteja envolvido, como em um contêiner soprado. O contêiner é produzido em medidas maiores e seu volume se reduz assim que esfria. Embora o designer tenha objetivado, digamos, um conteúdo de 5 litros além de espaço de gargalo e tolerâncias de enchimento, o fornecedor poderá prover recomendações de tolerâncias de resfriamento e peso dos materiais. Fornecedores estão também na posição de aconselhar no fluxo do plástico e suas implicações na resistência do contêiner em áreas particulares. Estas considerações são vitais para o sucesso do projeto e, em grande parte, estão além do propósito de uma equipe de design. Por exemplo, se pigmentos metalizados têm que ser utilizados em uma garrafa de sopro, os designers devem mostrar a seus clientes um *mock-up* de uma garrafa pintada em tinta prateada além de uma amostra precisa de um pedaço do plástico. Será o fornecedor que certamente apontará que os pigmentos metálicos se alinharão na direção do fluxo do plástico durante a moldagem, deixando linhas escuras. Isto pode ser evitado, mas requer um especialista para apontar o problema.

O design de embalagens está usando agora técnicas e materiais mais sofisticados, alguns dos quais serão abordados no Capítulo 13. À medida que a tecnologia avança, torna-se mais crítico que os fornecedores sejam envolvidos nos primeiros momentos do processo de design.

9

design **gráfico**

O papel do design gráfico

Tem-se escrito mais sobre design gráfico do que sobre qualquer outro tópico no design de embalagens. Para muitas pessoas, design gráfico é sinônimo de design de embalagens, por ignorarem os elementos técnicos e estruturais. Gráfica é um tópico controverso, particularmente na comunidade de design, onde esta discussão se situa no que se constitui um bom design gráfico e o que não o é. Muitas vezes, é uma questão de gosto, e cada indivíduo tem uma ideia diferente do que seja bom gosto. Ser crítico sobre a gráfica das embalagens é mais frequente do que se imagina, mas são feitas críticas sem nenhum conhecimento anterior do briefing. Os designers trabalhando para um cliente podem ser constrangidos por elas e simplesmente não perseguir suas preferências de design, comprometendo o projeto como um todo. Podemos aqui colocar a culpa no cliente, por outro lado há algumas soluções de design muito pobres em circulação. Todos podemos fazer melhor.

O papel da gráfica nas embalagens pode ser dividido em duas funções:

- Características de design, cujo objetivo é vender o produto e promover a marca.
- Texto e informações para o usuário.

O balanço entre os dois dependerá da categoria do produto e de como ele é vendido e fornecido. Drogas éticas, elementos médicos ou suprimentos militares podem ter ênfase na informação, enquanto o dinâmico mercado de produtos de consumo terá um acento maior nas performances de venda. Há também as restrições legais a que devemos obedecer. Entretanto, em todos os casos, um bom design gráfico deve ser uma função positiva, ao assistir o usuário, seja para comprar o produto, avisar, informar ou aconselhá-lo no uso do produto.

A função promocional ou de vendas da embalagem é simplesmente comercial. Tudo o que se requer é uma solução de design que venda produtos e promova a marca. Se ocorrer que o resultado é um clássico do design, algo admirado pela comunidade do design, então isso é um bônus. Não é necessário que se produzam uma obra de arte ou designs que massageiem o ego do designer. Os resultados são julgados apenas pela performance de vendas. Essa é uma razão pela qual alguns escritórios de design relutam em entrar em concursos de design. Há uma crença que sugere que concursos podem distrair designers de sua tarefa essencial de projetar embalagens que vendem em vez das que têm aprovação dos colegas. Entretanto, os escritórios reconhecem cada vez mais o valor de incluir designs vencedores de concursos em seu portfólio como uma ferramenta de vendas de seus serviços. Certamente, designers individuais podem aumentar seu perfil competitivo incluindo designs vencedores de concursos em seus portfólios pessoais. De fato, é difícil medir o sucesso do design por meio das vendas dos produtos, já que a maioria das embalagens novas ou redesenhadas são apenas uma parte de uma campanha de vendas. Publicidade, o ponto de venda e a popularidade do produto também afetarão a venda do produto e é difícil isolar a contribuição do design de embalagem. Em raras ocasiões há uma mudança na embalagem, mas todo o resto permanece o mesmo, e neste caso é bem mais fácil medir o efeito da nova embalagem na performance de vendas. Os aspectos comerciais do design gráfico são preponderantes, mas não significam que os resultados sejam grosseiros ou feios e sem nenhum mérito de design.

No ambiente de vendas de varejo, é vital para uma embalagem se destacar em comparação com os concorrentes. Isto se consegue por meio de uma combinação de forma da embalagem e design gráfico (veja adiante). Os elementos do design gráfico têm um papel importante. Se a embalagem não é vista no tempo utilizado pelo comprador em "escanear" as prateleiras, ela ficará sem ser percebida e não será vendida. Mesmo que a percepção seja crítica em atingir a atenção inicial do comprador, é comum confiar na gráfica para o reconhecimento da marca, na identificação do tipo de produto, nas imagens, na variedade do produto e benefícios do consumidor. Não é fácil conseguir um balanço ótimo destes elementos, já que as categorias dos produtos se expandem incluindo uma variedade maior de oferta de produtos. O setor de lavagem de roupas doméstico é um exemplo.

Uma filial típica da Tesco tem em estoque 131 produtos para lavagem de roupas, excluindo os condicionadores para tecidos. Essa é uma proposta confusa e extraordinária, tornando a escolha mais difícil e nunca mais fácil. A escolha inclui uma combinação de tamanhos de embalagens, marcas, produtos em pó, líquidos, concentrados, em sachês, em tablete, biodegradáveis, não biodegradáveis, para cores, com aromas, de alta performance, para lavagem na mão, para lavagem leve, lavagem automática, para tipos de tecido etc. Ao comprador é apresentada uma vasta variedade de embalagens e nenhuma orientação. Para os consumidores, isso representa uma confusa combinação de opções, uma anarquia visual, dentro da qual fica difícil achar o produto que se quer comprar. Estamos procurando nossa marca favorita ou estamos apenas escolhendo um produto para a lavagem de roupas? Lidar com esta vasta escolha leva tempo e pode encorajar a simples repetição da compra anterior, em vez da experimentação. Resolver o problema graficamente pode requerer uma revisão da prática corrente do setor, envolvendo um radical afastamento da norma. Afastar-se da combinação convencional de cores pode ser uma opção a ser considerada.

Enquanto este setor de mercado pode ser identificado por designers como necessitando de um pensamento revolucionário, são os clientes que iniciam programas de design gráfico. Em um estudo de design de embalagens, os clientes devem providenciar originais das instruções para o uso do produto, talvez incluindo ilustrações ou requerendo a produção de ilustrações e/ou fotografias. Produtos complexos geralmente requerem mais texto de instruções e mais texto de venda ou ilustrações para evidenciar as qualidades do produto. Texto multilingue pode também ser necessário. No final mais simples da escala, achamos que os elementos gráficos que podemos antecipar – o logo da marca, nome do produto, categoria do produto e declaração de conteúdo – são frequentemente suplementados por texto de vendas. Aveia Quaker, um produto muito simples e longevo, tem os seguintes elementos de design em seu painel frontal (Figura 9-1). Estes elementos se modificarão com o passar do tempo, o que é uma boa nova para o negócio do design:

- logotipo;
- fotografia do produto;
- descrição do produto – Aveia Quaker;
- tira com a frase '100% natural – como sempre foi'.

Figura **9-1**
Aveia Quaker: os designers conseguiram fazê-la se destacar

Fonte: Pira International Ltd

A isso uma mensagem básica foi adicionada:

- texto de venda: 'pode ajudar a manter um coração saudável como parte de uma dieta sem gordura' e 'grão integral';
- ilustração; símbolo do coração e ilustração da aveia;
- flash de vendas 'grande valor 1 kg'.

Os designers fizeram um bom trabalho. A embalagem se sobressai, a marca é facilmente reconhecível e nós sabemos e compreendemos seu conteúdo. A tradição da marca e do produto foi mantida. Se formos críticos, a fotografia é menos agradável, mas é notória a dificuldade de fotografar ou ilustrar comida, particularmente um cereal que é basicamente bege. O flash de vendas perturba o design, como deve. Tentar trabalhar ou integrar um flash muito próximo ao design foge ao objetivo. É preciso que ele se sobressaia para ser efetivo. Não analisaremos os painéis adicionais; vamos simplesmente sorrir para o painel traseiro, que ilustra um homem de 70 anos que está aparentemente "casado de novo e se deliciando com uma tigela de aveia Quaker em seu casamento".

Muitas embalagens sofrem do fato de haver um congestionamento de informações, o que dilui os elementos principais da marca e da identificação do produto, consequentemente o destaque é reduzido. É como se os administradores da marca tivessem deixado sua marca na embalagem introduzindo sempre mais detalhes do produto. Estes designs muito cheios devem ser realmente questionados com os clientes, mas sempre com tato. Identifique a mensagem principal e, tendo atingido a atenção do consumidor, introduza lentamente detalhes adicionais do produto.

Até aqui este capítulo se focou na gráfica que vende produtos e reforça a marca. O menos encantador e mais importante trabalho do design gráfico é o de informar o usuário. Com níveis crescentes de proteção ao consumidor e de restrições ambientais, há uma progressiva demanda de área impressa destinada à informação. Classificações diferentes de produtos têm requisitos diferentes, e há tantos que será necessário um livro adicional para cobri-los adequadamente. É suficiente dizer que o cliente tem a obrigação de prover todos os textos e símbolos legalmente necessários com as indicações das dimensões mínimas de tipo, tamanho dos símbolos e cores. O designer tem pouco espaço de manobra, exceto criar um bem diagramado corpo de texto.

Integrando design estrutural e gráfico

O setor de lavagem de roupa doméstico é muito confuso, e um destaque é cada vez mais difícil de se obter se todos os formatos forem os mesmos. Se todo o setor utilizar uma caixa de dimensões comuns, apenas a gráfica deve ser o único diferencial. Se for adotada uma estrutura de formatos estruturais diferentes, pelo menos alguns tipos de produtos serão mais fáceis de distinguir. Visualmente, é mais fácil separar produtos líquidos de produtos em pó, mesmo que certos produtos estejam contidos em recipientes que parecem garrafas para líquidos. O desafio para um designer de embalagem será desenhar uma solução integrada contêiner/gráfica que promova destaque por meio da forma e da gráfica. É provável que o destaque inicial será provocado pela forma do contêiner e que a gráfica terá o papel secundário, porém crítico, de reforçar a marca e a definição do produto.

Design estrutural (Capítulo 8) é usualmente o primeiro processo em um design total da embalagem. É um meio poderoso de dar indicações visuais sobre a marca e o uso do produto, mas não pode prover toda a informação que os consumidores precisam. Em produtos de lavagem de roupa, o design estrutural da embalagem dificilmente representará a variedade do produto. Podemos nos valer da gráfica para definir o branding, mesmo se isso é um reforço às indicações promovidas pela forma do contêiner. Necessitamos também de mais detalhes do produto do que os que são dados apenas pela sua forma. A forma do contêiner e a gráfica devem trabalhar em conjunto a fim de nos fornecer um quadro completo. Segue-se que, na fase do design, forma e gráfica não devem ser desenvolvidas separadamente, mas em sequência. O processo do design estrutural não deve ser isolado do design gráfico, mesmo que ele possa precedê-lo. Os designers devem estar constantemente cientes dos requisitos gráficos e ajustar seu trabalho de design de acordo. Um erro comum é o de desenvolver formas (por exemplo, uma esfera) incorporando curvas compostas que são difíceis de rotular ou de imprimir. Luvas plásticas encolhíveis oferecem uma solução para este problema. Similarmente, conceitos estruturais que incluem áreas de superfície texturizada podem limitar a área necessária para gráfica. Estes conceitos podem ainda necessitar ser explorados, mas esteja consciente das limitações gráficas que eles impõem em um estágio inicial.

Influências no design

Felizmente para os designers, gráfica de embalagens é relativamente barata de mudar e provê uma ferramenta de custo eficaz no arsenal do marketing. Diferentemente de uma forma de garrafa, a gráfica raramente envolve ferramental caro ou grandes prazos de fornecimento, se bem que cilindros de gravura são uma notável exceção.

Embora possa ser dito que a maioria dos designs é original, sua inspiração é provavelmente influenciada pelo pensamento e tendências contemporâneas. Design, incluindo design de embalagem, é sujeito à moda corrente dentro da fraternidade do design. A maioria dos designers lê as mesmas revistas, conhece os mesmos vencedores de concursos, talvez desejando que eles tenham pensado em um conceito primeiro. A maioria dos escritórios de design tem exemplos de trabalho gráfico japonês, americano e europeu. É uma fonte de fascinação ver outros países, frequentemente com diferentes estilos de vida, valores e culturas provendo soluções de design para um problema comum. A embalagem japonesa, em particular, é altamente inovadora mesmo que alguns designs possam não servir à cultura do Ocidente. De qualquer forma, pode proporcionar uma nova dimensão ou base para inspiração.

Designers são empregados primeiro por sua criatividade, para trazer novas e excitantes ideias inovadoras ao mercado. Mas a criatividade não acontece em um vácuo. Designers necessitam do estímulo do mercado, da mídia e da observação dos estilos de vida dos outros. É necessária uma mente inquiridora e criativa para se produzir trabalhos de design novo. Também é necessária uma mente analítica, sendo crítica sobre seu próprio trabalho e o dos outros. Designers de embalagem são frequentemente os mais atentos observadores em supermercados, selecionando embalagens e examinando-as, não para comprá-las, mas por causa dos problemas de design que elas provocam, em geral para o incômodo de seus parceiros.

Branding e identidade corporativa

Uma marca pode ser um dos mais valiosos ativos ou um dos seus maiores passivos. Ela representa o cerne da empresa e pode ampliar ou reduzir tudo o que toca. Skoda conseguiu o feito raro de fazer ambas as coisas ao longo dos últimos 20 anos. A intervenção da Volkswagen transformou a companhia, de uma marca associada com carros de desenho e engenharia pobres à agora reconhecida como um fabricante de carros confiáveis e bem construídos e capazes de manter seu valor e sua posição perante os concorrentes.

Este exemplo ilustra que marcas são voláteis e não invencíveis. Elas são capazes de andar para trás ou se mover para frente. Elas dependem da qualidade de sua oferta e sua habilidade de se promover. Curiosamente talvez, quanto mais forte uma marca, mais vulnerável ela passa a ser. Marcas fortes se valem da lealdade de sua base de consumidores. Se a marca faz algum julgamento errado, fica fácil aos consumidores evitá-la. Além de produtos pobres, esses erros passam a ser escândalos corporativos e erros de julgamento ético. A revelação de utilizar mão de obra mal paga em fábricas de suor no estrangeiro foi mais danosa à Nike do que qualquer desastre de produção poderia ser. Segue-se que os designers que trabalham para qualquer das grandes marcas simplesmente não podem cometer erros. Os executivos de marketing que encomendam trabalho de design devem proteger e fazer progredir a marca, enquanto obtêm grandes lucros. Como todos os negócios, as grandes marcas não podem se permitir se sentarem quietas. Elas devem-se mover para frente ou para trás, e para frente é a única alternativa tangível.

Felizmente para os designers, uma das formas de se fazer isso a um custo mais efetivo é por meio do design de embalagem. Com uma larga base de clientes, é particularmente importante que a identidade da marca seja mantida. Para o consumidor, a marca promove tranquilidade; efetivamente se torna um antigo e bom amigo confiável. Mars vende cerca de 4 milhões de barras Mars por dia só na Grã-Bretanha. Mudar o logotipo ou a cor do envoltório é um grande desafio. Deve-se agir em forma de um processo evolutivo para manter a lealdade de sua base de clientes. Qualquer mudança revolucionária, desviando da expectativa do consumidor, é provável que desperte suspeita sobre o produto e encoraje experiências com alternativas.

Marcas se originaram com as marcas de gado e em mercadorias, querendo-se dar provas de propriedade. É tentador fazer comparações com os dias de hoje, quando o logotipo de uma empresa pode ser considerado como a marca. Mas a marca é muito mais do que um logotipo. Certamente, o logotipo pode representar a empresa, mas a marca é a real essência da empresa. São os valores do cerne da empresa, sua ética, sua herança e seu pessoal. Nós podemos somar isto como a essência da marca, o que pode representar uma personalidade por si só, e marcas são frequentemente descritas assim, em termos humanos totais: amigáveis, joviais, sérias etc. Virgin é Richard Branson. A marca reflete sua personalidade: empreendedora, aventureira, um pouco rebelde, porém honesta. O logotipo da Virgin é uma referência visual a estes valores, não importa se aplicado a um novo banco, uma bebida desafiando a Coca-Cola ou um trem veloz.

Designers trabalhando com uma grande marca têm que entender a essência da marca, a filosofia básica da empresa. Não é suficiente simplesmente aplicar o logotipo a um design. Stefano Marzano (2000, p. 58) da Philips Design expressou-se desta forma quando falou a respeito de fazer design para o grupo eletrônico Philips:

"Com certeza, podemos tentar – e o fazemos – estabelecer diretrizes para desenharmos embalagens, digamos para termos certeza de que, não importa onde sejam produzidas, elas reflitam os valores certos. Mas as regras só nos levam até aí: princípios gerais são melhores, e se internalizados melhores ainda, pois eles asseguram que as decisões certas são tomadas automaticamente nas novas situações. Estes princípios ou valores nos dão a pedra de toque para nos ajudar a produzir quaisquer expressões de marca que sejam consistentes e que reflitam estes valores com autenticidade. Isto se aplica a todos os níveis de decisões sobre características de produtos e linguagem formal, à embalagem, à publicidade e *displays* – tudo o que, de fato, faça contato com o consumidor."

As empresas representam visualmente sua marca por meio do uso do logotipo, que é simplesmente um objeto gráfico que distingue um produto ou serviço. Cor e tipografia são frequentemente usadas, em conjunto com logotipos, para incrementar o impacto visual e prover maior reconhecimento. Muitas das marcas líderes mundiais foram estabelecidas no século XX e algumas antes disso. Frequentemente o nome da empresa em si se tornou o logotipo, somente pelo uso de tipografia distinta. Nestlé, Cadbury's e Boots são exemplos típicos em que o nome comercial, estabelecido muitos anos atrás, se tornou seu logotipo. Hoje em dia, porém, a tendência para as novas empresas e organizações é a de originar um logotipo distinto que trabalhe sozinho ao representá-las. O bumerangue da Nike é um exemplo disso. Os designers que são apresentados a um logotipo existente serão tolos de modificá-lo, especialmente se a empresa é estabelecida há tempos. A consultoria em design que sugeriu isso a um dos líderes mundiais da indústria automobilística perdeu rapidamente seu contrato.

Os logotipos agora proliferam em todos os níveis. O que era para ser um distintivo escolar é frequentemente desenvolvido como um logotipo. Tornou-se um "precisamos ter" para qualquer negócio, não importa quão pequeno. O eletricista local deve ter um logo na porta de sua van, assim como qualquer empresa multinacional. Há porém uma certa confusão a respeito de branding, logotipos e identidade corporativa. A maioria das marcas líderes e estabelecidas constrói seus negócios em torno de produtos e serviços que se tornaram populares com o público. Elas cresceram lenta mas seguramente, porque ofereciam valor pelo dinheiro, qualidade, serviço ou algo novo e valioso. Na época anterior ao self-service, havia pouca necessidade e quase nenhuma oportunidade de se "marcar" produtos. Ambas, Tesco (estabelecida em 1932) e Sainsbury's (estabelecida em 1869), eram mercearias que vendiam produtos no balcão. O branding da época era restrito apenas à placa sobre a porta da loja. Quando os produtos eram pré-empacotados, entretanto, empresas como Heinz, Coca Cola e Cadbury's usavam elementos gráficos (o trombone da Heinz) e tipos estilizados para o nome de suas empresas. Quando as empresas se expandiram nacional e internacionalmente, o valor de uma aparência consistente foi reconhecido. Regras tiveram que ser estabelecidas a respeito do uso dos nomes, detalhes gráficos, logotipos, tipografia e cores. Esta é a base da identidade corporativa, assegurando a mesma aparência visual e a mesma experiência no consumidor, não importa onde a marca apareça.

A identidade corporativa cobre sinalização, pintura de veículos, arquitetura, uniformes, papelaria, literatura de vendas, de fato todos os aspectos visuais da atividade da empresa. Por trás destas regras estão os valores da marca que a empresa representa. Relevantemente, os líderes de marca com uma longa história inevitavelmente estabeleceram seus valores de marca primeiro e depois adotaram uma identidade corporativa para reforçá-la junto a seus empregados e público. Hoje em dia, parece que há um mal-entendido a respeito de identidade corporativa: as empresas e organizações querem adotar todos os adornos da identidade corporativa sem primeiro estabelecer os valores do cerne da marca. A identidade corporativa é percebida como um adicional agregado. Algumas empresas adotaram uma nova identidade corporativa porque seu negócio mudou de direção e a velha identidade não era mais apropriada. Outras mudaram logotipos após serem compradas, incorporadas ou para ajudar a conquistar novos mercados. Algumas das mais importantes companhias que reformaram sua identidade estão na Tabela 9-1 e você poderá tirar suas próprias conclusões a respeito de quais refletem com sucesso os valores essenciais das empresas.

Tabela **9-1**
Exemplos de novas marcas (rebranding)

Marca original	**Nova marca**
Airtours	MyTravel
British Steel	Corus
The Post Office	Consignia
Ratners	Signet
ICI Pharmaceuticals	AstraZeneca
British Gas	Centrica
BTR	Invensys
Unigate	Uniq
Abbey National	Abbey
France Télécom	Orange
Tokyo Tape Recorder Company	Sony
Blue Ribbon Sports	Nike
Kentucky Fried Chiken	KFC

Fonte: The Observer, 28 set. 2003

Organizações menores reconhecem o valor da identidade corporativa, mas frequentemente preterem a necessidade de refletir os valores essenciais da empresa. Isso é compreensível, já que, tentando estabelecer um pé firme nos negócios, os seus administradores estão mais preocupados com vendas e produção do que no marketing ou no posicionamento da empresa. Pode ser que não tenham a expertise ou, mais frequente do que se imagina, tempo para refletir na empresa em si. De qualquer forma, o desejo de apresentar a empresa de uma maneira profissional aos clientes e concorrentes é bem compreendido.

Um exemplo é uma pequena empresa familiar fabricante de equipamento hospitalar, que inclui uma variedade de tipos de produtos, como baús para carregar cabos e gases médicos, caixas de luz para raios X, sistemas sofisticados de chamada de enfermeira e muito mais, como planos para produtos pré-embalados para levar para casa. Inicialmente, contratou-se uma consultoria em design para melhorar seu material de vendas e logotipo. Ficou evidente que seu pessoal era competente, trabalhava bem como equipe e era entusiasmado, certamente uma empresa eficiente em termos administrativos. Porém, quando perguntado qual era seu negócio, eles ficaram na dúvida de como se definir. Poderia ser uma empresa de engenharia, de eletrônica, de equipamento hospitalar – ninguém tinha certeza. Nem a essência do negócio nem os valores da marca poderiam ser facilmente definidos.

A equipe de design, olhando a empresa dentro de uma perspectiva arejada, definiu o negócio como "tecnologia para cuidar do paciente". A racionalização se refere ao fato de que equipamento cuidadosamente desenhado pode aumentar a recuperação do paciente em um ambiente hospitalar. Isso se estendia por todos os tipos de produtos: os baús seriam desenhados para engrandecer o ambiente, o sistema de chamada de enfermeiras deve ser eficiente para o paciente e deve ter boa aparência. Foi um grande passo para uma pequena empresa, mas a família fez dar certo empregando designers externos e redesenhando sua linha de produtos. O escritório de design de embalagem agora tinha uma base de valores de marca e podia desenvolver um programa total para a empresa. Um resultado satisfatório tem sido o sucesso da empresa em ganhar contratos no país e no exterior e desenvolver com sucesso uma nova linha de sistemas para monitoramento de pacientes.

Este exemplo ilustra que identidade corporativa não é simplesmente a adoção de uma conformidade visual, mas a expressão dos valores essenciais da empresa. É um ponto aparentemente perdido em muitas grandes organizações na Grã-Bretanha, que neste momento estão mudando seu nome e sua identidade corporativa numa tentativa de estimular os negócios. Rita Clifton é presidente da Interbrand; em novembro 2003 ela deu uma entrevista ao *The Guardian* e aqui está o que disse:

"O logotipo, o nome e a publicidade são apenas os detalhes que aparecem na superfície. Eles precisam simbolizar tudo o que acontece sob a superfície...".

"Devemos sempre lembrar que no minuto em que elas (as marcas) começam a ser complacentes, ou arrogantes e produzindo produtos pobres, as pessoas podem descartá-las imediatamente. Elas são a derradeira instituição responsável, uma visão condenável, muito mais que a maioria dos governos."

Imagem e destaque

Por todo este livro tenho enfatizado o desejo de conseguir o destaque da embalagem. Particularmente no setor de bens de alto consumo, onde o autosserviço é norma, o princípio é o de que, se você não vê a embalagem, você não a compra. Lembre-se de que compradores estão "escaneando" as prateleiras por sua marca favorita ou por algo novo. Há pouco tempo para examinar. Embalagens e marcas têm que se diferenciar da competição adjacente, que oferece marcas mas também outros tipos de produtos. O design estrutural é uma ferramenta poderosa em conseguir destaque (Capítulo 8). Uma combinação do estrutural com a gráfica é ainda mais poderosa, mas há ocasiões onde a confiança na gráfica passa a ser crítica, especialmente quando a forma da embalagem no setor de produtos mostra pouca diferenciação. Os cereais, por exemplo, são quase universalmente apresentados em caixas de cartão. Aqui o destaque é conseguido somente pela gráfica. Imprimindo-se uma caixa de cereal em laranja fosforescente, entretanto, pode-se conseguir destaque, mas não será tão confortável com a imagem requerida pelo produto. Há uma relação crítica entre conseguir destaque e criar imagens. O destaque é conseguido principalmente com a rápida identificação de produtos e marcas. A imagem evoca uma resposta emocional.

Para ilustrar essa relação, é útil considerar marcas próprias em supermercados. Os supermercados não investem pesadamente em publicidade e certamente não na escala de marcas de fabricantes, como Procter & Gamble ou Unilever. Isso faz com que os produtos de marca própria sejam um estudo particularmente interessante do ponto de vista da embalagem, já que seu sucesso depende grandemente apenas do design da embalagem. Os produtos de marca próprias da Tesco têm que competir com os de fabricantes em muitas categorias e em diferentes níveis de preço. Por isso, a Tesco criou três categorias de produtos: Value, Standard e Finest. A Figura 9-2 mostra um produto de chocolate em cada categoria.

Figura **9-2**

Produtos de chocolate da Tesco em três categorias: Value, Standard e Finest

A linha 'Value' , 'Standard' e 'Finest' de barras de chocolate da Tesco... Enquanto há aqui diferenças de produtos, a imagem utilizada entre os níveis de preço é radical. Compare a tipografia e as cores,* movendo-se do básico ao adequado até o exclusivo.

* As cores são referências da embalagem original

Fonte: Pira International Ltd

A imagem para Tesco Value é claramente diferente da imagem para Tesco Finest. Em um nível de um preço menor, a imagem tem que reforçar o valor pelo dinheiro oferecido. Ela tem que ainda ter a marca Tesco e a confiança dos consumidores na qualidade do produto Tesco. Ainda assim, deve se destacar e ser visível. Reduzindo o uso da cor, deixando o branco da caixa como fator predominante, a imagem é quase utilitária. A resposta emocional é a de se entender que este é um produto sem frescuras. Parece que menos dinheiro foi despendido na embalagem, o que justifica o preço mais baixo. As listas azuis promovem o destaque e claramente identificam a classe de preço. A tipografia aparece como informação e não venda. É uma imagem do "você vê o que recebe".

Em um segundo nível, o dos produtos Standard, vemos o uso de fotografia e da cor. O produto parece quente e bem-vindo, uma oferta *standard* em concorrência com a Cadbury's. Nesta sequência, podemos ignorar o fato de que um produto é chocolate ao leite e o outro chocolate puro e consideremos a diferença apenas em termos de imagem. A tipografia aqui é mais tradicional, refletida no uso das serifas. O uso de um fundo azul tem um eco da indulgência e riqueza de Cadbury's. A fotografia não apenas mostra pedaços completos mas também fragmentos de chocolate, sugerindo sua textura. O estilo geral da embalagem, utilizando um invólucro tradicional de papel sobre uma barra envolta em filme metálico, está sintonizado com valores tradicionais. Este é um produto para famílias, ou talvez para momentos de autoindulgência. Tem um apelo bastante amplo no mercado médio.

Em contraste, o produto Tesco Finest é embalado em um invólucro rígido, fazendo disso uma ponte de diferença percebível na prateleira. Porém, é a gráfica que o distancia dos outros. Ainda é chocolate puro, mas agora vemos que é 72% chocolate puro. O que isso significa? Implica que é até aí que se pode ir com chocolate. A tipografia é em caixa alta e, colocada sobre um fundo prata, parece elegante e sofisticada. A fotografia dá uma representação mais precisa do produto com a inclusão de um fundo. A imagem criada é de sofisticação e qualidade.

A linha Tesco Finest foi introduzida em 1996, inicialmente para alimentos de conveniência, mais tarde estendida a outras áreas, agora incluindo itens que não alimentos. A gráfica é mínima, utilizando prata e preto e expondo largas áreas não decoradas na embalagem. A imagem criou uma aparência exclusiva por meio de sua simplicidade e elegância. É interessante comparar isso com a embalagem mais em conta, que também tem grande espaço em branco, mas o interrompe com listas e uma tipografia mais rude. Sempre se diz que menos é mais, significando que associamos gráfica mínima com exclusividade. A linha Finest adota este princípio, talvez mais associada à Harvey Nichols do que à Tesco. De fato, a imagem era tão exclusiva que causou certa confusão no consumidor. A crença na marca Tesco de se mover para um território exclusivo e de alto preço foi desafiada pela reação do consumidor. Em 2002, a Tesco tomou a decisão de rever todo o design, ainda mantendo o conceito do prata e preto, porém alterando as proporções e aumentando a área gráfica. A fotografia do produto também foi alterada em tamanho. A imagem se torna menos exclusiva e mais acessível à base de consumidores Tesco.

É importante obter imagens alinhadas com as expectativas dos consumidores, de forma a estimular uma emoção positiva. A linha Tesco original aparentemente evocava dúvidas, esticando a credibilidade da marca. Pode ter sido um passo longe demais. Agora, com uma embalagem redesenhada, estes produtos são mais bem compreendidos, e apesar de serem ligeiramente mais caros, são comprados por pessoas que aspiram a produtos de alta qualidade. A resposta emocional apropriada foi alcançada. Nós nos sentimos bem por tratar a nós mesmos e a nossa família com um produto melhor, que justifica um custo maior. O sucesso da Tesco Finest fez com que outras empresas seguissem seu exemplo. A Safeway introduziu uma linha prêmio que se chama The Best; interessantemente, também adotou o preto e prata como conceito gráfico (Figura 9-3). Embora ambas as empresas nunca concorram entre si, é um início para uma nova convenção utilizar cores e fotografia de forma similar para produtos similares.

Figura **9-3**

A linha Safeway, The Best, se utiliza de preto e prata, similar à Tesco

A linha de produtos 'Finest' da Tesco utiliza o preto e prata, em conjunto com a fotografia, para criar uma imagem superior de mercado.

Mesmo sem nunca competir diretamente, a Safeway seguiu a mesma imagem já definida para sua linha de produtos prêmio.

Fonte: Pira International Ltd

Se considerarmos uma *commodity* básica como lasanha, podemos ver como a Tesco posiciona seu valor e produtos *standard*. Na verdade, são apenas alguns centavos a diferença entre estes produtos, como mostrado na Figura 9-4; ambos são fabricados na Itália, mas o produto *standard* é engrandecido por fotografia preto-e-branco, as cores nacionais da Itália e o uso de um fundo de azul profundo. Em comparação, o produto de valor tem um aspecto utilitário com pouco uso de texto e cor. O uso da marca é interessante em relação à lasanha.

Nós vemos um logotipo Tesco de valor combinado no produto mais barato e a descrição do produto tem dimensão dominante. O oposto é o caso com o produto *standard*. Aqui a marca Tesco, mesmo que maior, é relativamente recessiva e a descrição do produto é menor e com maior prestígio. A imagem é mais sobre a Itália e menos sobre valor. Seu atrativo é o da autenticidade, sobre um fundo de italianos curtindo uma pasta.

Figura **9-4**

Lasanha é um produto básico na categoria *standard* da Tesco

Níveis de preço diferentes e imagens diferentes para um item básico. Ambos os produtos são feitos na Itália, mas a imagem usada é bem diferente. Para o produto 'Value', tipografia simples, cores básicas e uma predominância de pouca impressão, sugerindo um produto básico. O produto 'Standard' incorpora um maior uso da cor e uma fotografia preto-e-branco com bossa, incrementando sua imagem e sugerindo um ar de cozinha italiana.

Fonte: Pira International Ltd

Estes exemplos indicam como uma imagem pode ser poderosa ao definir posicionamento do produto e atingindo precisamente os mercados pretendidos. Conquistar a imagem requerida não acontece simplesmente; é uma questão de pesquisa e de compreensão. A Figura 9-5 dá uma dica de como isso pode ser conseguido. Neste caso, um estudo foi conduzido para avaliar o potencial de se produzir drinques pré-mixados de rum Cubano para o mercado de 20-30 anos. Havana Club está sendo utilizado como um experimento pela consultoria de design The Packaging Partnership para demonstrar o processo. Cuba é um país fascinante onde a música e a dança, particularmente a salsa, são partes de uma cultura vibrante. Aqui o designer usou as cores e o movimento da salsa para criar o fluir da gráfica que confere esta vibração. As garrafas e as latas estão sendo exploradas; a forma da lata é derivada dos carros americanos dos anos 1960, presentes em Cuba ainda hoje. Não é possível em um capítulo curto ilustrar o espectro completo do trabalho, mas escolhi exemplos que ilustram o pensamento e o processo de design para incorporar imagem ao design de embalagem.

Figura **9-5**
Havana Club é um drinque cubano pré-mixado

Este estudo utiliza dançarina de salsa cubana como origem da imagem. O movimento e as cores são partes evocativas da cultura cubana. O designer procurou captar esta vibração e transferi-la para uma linha de drinques pré-mixados.

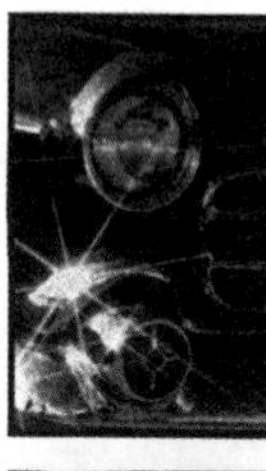

A gráfica desenvolvida acima foi transferida para uma nova forma de lata, que por sua vez utilizou carros americanos antigos como forma de inspiração.

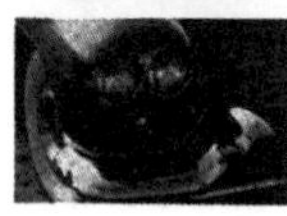

Fonte: The Packaging Partnership

Tipografia

Tipografia é um processo de fixar o tipo em uma superfície. Parece simples, mas é uma disciplina do design em si. Os designers escolhem um tipo apropriado e organizam o tipo horizontal e verticalmente em uma página, rótulo ou embalagem para comunicar mais do que as palavras em si. Não é apenas o arranjo da tipografia que é importante, mas também a sua relação com o espaço no entorno e os outros elementos gráficos ou imagens.

O design do tipo tem uma história fascinante, mas este capítulo se concentra em como o tipo é utilizado como importante elemento de design na gráfica da embalagem. Diferentemente de muitas outras áreas de design gráfico, a maioria das embalagens tem pouco texto, pelo menos no painel frontal. A razão é clara: a embalagem necessita comunicar rapidamente no menor tempo que os compradores tem para procurar nas prateleiras. Se um livro ou um folheto utiliza tipografia para assegurar que a leitura seja uma experiência fácil e prazerosa, por um período de tempo, na embalagem ela deve ter comunicação instantânea. É muito próxima da publicidade neste aspecto, e pela mesma razão grandes blocos de texto são raramente incluídos. Mas isto não significa que tipografia é menos importante na embalagem, muito pelo contrário. O texto que aparece em uma embalagem tem um papel crítico em passar a mensagem ao comprador, independentemente de qual seja. Tipografia aqui não está sendo utilizada apenas para transmitir informação, mas também para colocar o tom e contribuir para a imagem do produto.

Para apreciar e usar tipografia, efetivamente temos que entender a terminologia básica. Há razões históricas pelas quais o tipo é medido e descrito, muitas refletindo o uso de metal fundido e as tradições da composição tipográfica. Focaremos a terminologia corrente usada pelos designers gráficos com PCs ou Macs. A Figura 9-6 ilustra os termos de medida de tipo. Este exemplo está composto em Times corpo 36, mas os outros tipos compostos no mesmo corpo podem ter alturas diferentes, proporcionando efeitos muito diferentes.

Figura **9-6**
Terminologia tipográfica

Tipo: Times corpo 36

Fonte: Pira International Ltd

Ajustar o espaço entre as letras, mais conhecido como espaçamento, e o espaço entre as linhas, a entrelinha, é um processo simples em todos os pacotes de software gráfico, mas tem um efeito dramático na aparência e na legibilidade do texto. Tipos foram cuidadosamente desenvolvidos para máxima legibilidade nos seus formatos *standard*, mas tome cuidado com o espacejamento de grandes áreas de texto. O espacejamento é particularmente valioso para aplicações em embalagem, onde palavras ou frases avulsas são comuns. A entrelinha, o espaço entre as linhas, também influencia a legibilidade e aparência. Pouca entrelinha, e as ascendentes e descendentes vão se unir. Muita entrelinha, e as linhas não são lidas adequadamente de uma linha para a próxima. A Figura 9-7 mostra o espacejamento e a entrelinha.

Figura **9-7**
Espaçamento e entrelinhamento

Fonte: Pira International Ltd

A Figura 9-8 mostra tipos com serifa e sem serifa. O uso de serifas se origina na composição de grandes blocos de texto tipográfico e se diz que facilita a leitura ajudando o olho a se mover de uma palavra para a próxima. Serifa também ajuda a criar uma imagem mais velha ou de um estilo antigo, que pode ser apropriada em algumas aplicações. Nos dias de hoje, vemos mais tipos sem serifa, como o Arial, e não temos dificuldade em lê-lo, se bem que um livro impresso nela pode se tornar cansativo. A natureza aberta e limpa dos tipos sem serifa dá um sinal de modernidade e é muito utilizada em aplicações em embalagem.

Cuidado ao usar tipo pequeno demais, pois a legibilidade pode se tornar um problema. Em compensação, Arial pode parecer bem em corpos maiores.

A maioria dos tipos é encontrada em famílias, e para apresentar um design coerente, é usual escolher uma família tipográfica para uso no projeto da embalagem. De forma similar, uma grande variação de tamanho de tipos pode causar um visual desbalanceado e a maioria das embalagens se beneficia de texto utilizando um máximo de dois tamanhos de tipos. Adicionalmente, na embalagem utilizam-se tipos Display, primeiro para chamar atenção para as marcas ou para características especiais, como frescor, orgânico e tradicional. Procurar entre as fontes instaladas em um PC ou Mac revelará algumas fontes Display, mas a maioria dos designers utilizará tipos Display desenhados à mão, ou Freehand e Photoshop para manipular tipos existentes para uso Display. Tipos Display significam frases ou palavras soltas, texto significa um grande bloco de texto.

Na realidade, é falso separar a tipografia, como fizemos aqui, pelo fato de haver uma relação crucial com outros elementos de design gráfico e com a área da embalagem. Mas a habilidade em entender e manipular o tipo é um requisito básico dos designers de embalagem. Cada PC ou Mac vem completo com uma série de tipos, promovendo a base para selecionar fontes. Designers profissionais terão acesso a software para aumentar esta seleção e aos programas para manipulação; os mais importantes são:

- Adobe Illustrator;
- Macromedia Freehand;
- Adobe Photoshop;
- Quark-XPress;
- Adobe PageMaker.

Figura **9-8**
Tipos

Tipos com serifas

Tipos com serifas são mais fáceis de ler em grandes blocos de texto

ABCDEFGHIJKLMN
OPQRSTUVWXYZ

Courier
Palatino
Georgia

Exemplos de outros tipos com serifa são mostrados à esquerda. Observe que elas têm X alturas diferentes, mesmo sendo do mesmo corpo 14

Tipos sem serifas

Tipos sem serifas como a Helvética utilizados aqui são mais claros, legíveis e têm uma aparência limpa e moderna.

ABCDEFGHIJKLMN
OPQRSTUVWXYZ

Arial
Avant Garde
Geneva

Outras fontes populares sem serifa são mostradas aqui. Contraste a altura X com as com serifa acima.

Fonte: Pira International Ltd

Os designers têm suas preferências entre o Illustrator e o Freehand, mas eles são bastante similares. Photoshop é mandatório para manipulação de imagem, mas usado frequentemente para efeitos tipográficos. O PageMaker e QuarkXPress são especificamente para a manipulação, particularmente úteis para compor grandes blocos de texto e, portanto, usados na produção de folhetos e publicações.

O poder destes programas é impressionante, promovendo com o designer uma caixa de ferramentas gráficas, nunca antes imaginada. Tipos podem ser ampliados, condensados e modificados com um leque de efeitos. Infelizmente, isso conduziu a muito trabalho de design gráfico com a mesma cara – elegante, mas ainda mecânico e sobretrabalhado – talvez por confiança nos efeitos ampliados do computador em vez de na substância do design. De algum modo, o resultado pode ser perfeito demais. Os designers automobilísticos trabalhando sem computadores sempre disseram como era difícil conseguir "tensão" em uma curva. Eles queriam dizer aquele algo a mais em uma curva complexa, que lhe dava personalidade. Agora temos o design automobilístico gerado por computador, que pode também ter falta daquele elemento extra que lhe dá personalidade. Na tipografia, o computador é uma fantástica caixa de ferramentas, mas não substitui o pensamento de design ou a habilidade de desenhar à mão e de criar um trabalho de design único.

Seria útil construir uma série de regras tipográficas. Este capítulo já ofereceu algumas dicas, mas no design gráfico não há regras reais. É tudo uma questão experimental para ver o que funciona, mas sempre lembrando satisfazer o briefing da embalagem.

Cor

O uso da cor no design de embalagem é mais restrito do que em outros trabalhos de design gráfico, devido a convenções que emergiram ao longo dos anos. Uma dessas convenções é a codificação de cor de categorias de produtos que facilita a autosseleção. Se considerarmos os produtos alimentícios, a convenção dita que os produtos de frango são predominantemente amarelos, produtos de carne, vermelhos, produtos vegetais, verdes e produtos de baixas calorias, brancos e azuis. As batatas chips também têm um sistema de código semelhante, só que com significados diferentes, introduzido pelos líderes de marca, Walkers; por exemplo, o verde indica sabor sal e ervas. Leite integral tem um rótulo azul, o semidesnatado tem um rótulo verde e o leite desnatado tem um rótulo vermelho na Grã-Bretanha. Convenções similares também existem em muitas outras categorias de produtos. Quando o número de linhas de produtos aumenta e a concorrência entre marcas acelera, incluindo marcas próprias, as convenções estão sendo colocadas em questão. Os sistemas de codificação de cores introduzidas pelos líderes do mercado estão começando a criar confusão em vez de esclarecê-las. Contudo, qualquer designer de embalagem deve estar a par das restrições de cor e dos códigos do setor no qual estão atuando.

Algumas cores têm associações culturais; a morte é associada com o preto no Ocidente e com o branco no Oriente Médio. Cores têm significados emocionais: cores escuras e intensas são associadas com qualidade. Para bens de luxo, como caixas de chocolate, vermelhos intensos, púrpura ou dourados e acobreados metálicos podem promover a imagem da opulência. Tome cuidado com acabamentos metalizados, já que podem parecer pretos e se tornarem recessivos em algumas condições de luz. Verdes e marrons ficaram associados com alimentos orgânicos, mas a embalagem verde em alimentos, particularmente em produtos à base de carne, já foram sinônimo de apodrecido. Cores pastéis claras se identificam com a mulher e cores fortes escuras com o homem. É surpreendente, nos dias mais esclarecidos em que vivemos, que estereótipos de gênero ainda ocorram. Designers, homens ou mulheres, estão bem conscientes das respostas emocionais que as cores evocam e tentam evitar estes clichês.

Métodos de trabalho

O design gráfico pode se valer de uma série de técnicas que vão da tipografia, cor, fotografia, ilustração, manipulação de imagem ao uso de esquemas e formas gráficas. É um amplo espectro. O branding é provado o mais importante papel do design gráfico na maioria dos estudos de design de embalagem, se a marca é estabelecida ou se é uma marca novata. Criar uma nova marca frequentemente começa na equipe com um nome a ser dado pelo cliente. O nome da marca pode ser obtido por meio de empresas especializadas que originam nomes ou pelos clientes mesmo. Sempre cheque que o cliente tenha verificado todos os novos nomes a fim de se assegurar de que eles não tenham sido registrados por ouras empresas. O nome em si pode ter significado, ser abstrato ou simplesmente uma mistura de letras e números. O escritório precisará de informações básicas que incluam:

- setores de mercado;
- audiência pretendida;
- como a marca é utilizada: sozinha, como guarda-chuva, submarca, endosso;
- tipo ou tipos de produtos e quaisquer variantes;
- características da marca e sua imagem: séria, saudável, engraçada etc.;
- marcas concorrentes: próximas ou distantes;
- cenários futuros mostrando como a marca pode ser desenvolvida;
- formatos desejáveis de embalagem: garrafas, potes, sacos, cartão etc.;
- ambientes de venda: supermercados, lojas especializadas etc.;
- outros usos da marca: promoção, identidade corporativa etc.

Em alguns estudos, pode haver mais de um nome de marca e o estudo de design pode precisar funcionar para diversos candidatos, experimentando para ver como funciona em outros formatos de embalagem. Nomes longos podem ser um problema em garrafas altas e magras ou letras específicas podem ser estranhas visualmente.

Neste tipo de estudo, é normal desenvolver o logotipo primeiro e aplicá-lo bem depressa ao formato apropriado de embalagem a fim de verificar sua performance. Antes de o trabalho se iniciar, é necessário pesquisar na área do produto com a compilação de publicidade, produtos concorrentes, produtos com valores similares etc., exatamente na mesma forma de todos os estudos de design de embalagem (Capítulo 6). Tipicamente, os designers iniciam o desenho do logotipo por meio de esboços para explorar como o nome pode ser utilizado e, importante, como um elemento visual memorizável pode ser criado. A maioria dos consumidores deverá ser pressionada para definir logotipos existentes em detalhe.

É a forma geral, a configuração e as cores que são vitais para o reconhecimento da marca em produtos embalados. No ambiente do supermercado, onde muitos produtos do dinâmico mercado de produtos de consumo serão exibidos, os consumidores necessitam identificar a marca rapidamente. Os designers podem ficar fascinados com os detalhes do design de um logotipo, mas é sua performance na embalagem que realmente conta.

Designers individuais têm seus próprios métodos preferidos de trabalho. Trabalhar em branco e preto, usando meio-tom onde apropriado, é frequentemente usado no trabalho inicial. Se o logotipo funcionar neste formato, significa que a cor só vai valorizá-lo. Usar esboços e letras desenhadas à mão, e não de fontes existentes, ajuda a criar uma personalidade de marca que certamente será única e não ambígua. Trabalhar em escala natural ou aproximadamente é um meio útil de assegurar que o logotipo seja reproduzido apuradamente na embalagem. Ele evita o enchimento que ocorre frequentemente se o design é originado em um formato maior e reduzido na sequência. Desenhos à mão livre podem ser trabalhados em programas como Freehand e Illustrator, que oferecem a facilidade de alterar tipografia, espacejamento, proporções e adição de sobras, vinhetas, linhas e outros detalhes gráficos. Muitas vezes, é conveniente nesta fase introduzir a cor e começar os desenvolvimentos dos fundos.

Muitos logos podem ser utilizados por empresas e organizações na sinalização, na papelaria e outras superfícies planas. Embora os logos possam parecer muito elegantes no plano, os designers de embalagens devem se assegurar de que eles tenham performance na embalagem. Todos os logos desenvolvidos para aplicações em embalagens devem ser testados em formatos de embalagens. Isso pode ser feito simplesmente por meio de colar rótulos e aplicá-los a garrafas ou aplicando-os a alguns dos formatos de embalagem prováveis. Isso também pode ser feito por simulação em computador.

Durante um estudo de design de logotipo, um escritório pode gerar uma centena ou mais de soluções potenciais para consideração posterior. Um método útil de avaliar uma grande quantidade de designs é printá-los como cartões individuais. Isso permite a cada design ter a mobilidade de ser agrupado em categorias, colocando-se os cartões sobre uma grande mesa. Alguns certamente terão itens fortes em relação a aspectos do briefing, talvez tenham caráter, postura ou sejam apropriados para o mercado pretendido. Pode haver oportunidades para se cruzar designs a fim de engrandecer certos designs candidatos. Tendo-se produzido um conjunto de cartões de design, esse é o ponto onde o trabalho é apresentado ao cliente em conjunto com recomendações e a motivação para sua criação. Se uma agência de publicidade for envolvida, ela deve ver o trabalho preliminar, pois pode detectar algo que possa ser utilizado na publicidade. Por exemplo, pode ver oportunidades para animar alguns elementos de design em anúncios de televisão.

Embora essas ideias sejam primeiro para desenvolvimento de novos logotipos, muitas podem ser utilizadas na modificação de logotipos existentes. A diferença é que marcas estabelecidas raramente querem fazer mudanças radicais, já que se arriscam a alienar seus clientes fiéis. Aperfeiçoamentos para se sobressair na modernidade não devem destruir os valores da marca. Os clientes não devem notar que o design mudou, embora o objetivo do exercício é o de assegurar que eles reajam mais rápido à versão modificada. Em vez de um redesign radical, os designers se utilizam de uma técnica mais sutil como adicionar linhas mestres, modificar tipografias e mudar tons de cor. Isso é exemplificado pelo novo envoltório da barra Mars (Figura 9-9).

Figura **9-9**

A embalagem da nova barra da Mars é mais sutil

Barras da Mars, a antiga (c. 1985) e a nova (c. 2003), mostram uma evolução do logotipo desenhado de forma a manter a lealdade do consumidor, aumentando o destaque e adotando uma aparência mais jovem e mais moderna. O novo logotipo mostra um sutil uso de linhas básicas combinando dourado e creme, que ajudam o logotipo a ser ressaltado do fundo escuro. A tipografia foi redesenhada com o uso de formas mais suaves e fluidas, distinguindo-se do padrão original mais mecânico. Isto é o máximo que os designers conseguiram, sem perder o estilo original.

Fonte: Pira International Ltd

Tendo chegado ao logotipo – novo, existente ou modificado –, como uma equipe de design inicia um projeto de design gráfico? Podemos supor que o briefing está formulado, o texto, providenciado, e a forma da embalagem, decidida. A maioria das equipes de design trabalha inicialmente com papel e lápis ou com esboços de caneta, simplesmente para expressar uma série de ideias rapidamente. Nesta fase inicial conceitual, é mais importante desenvolver o pensamento por meio de uma ampla gama de esboços do que se concentrar em apenas algumas versões finalizadas. Dependendo das habilidades dos designers individuais, este trabalho inicial pode ou não ser adequado para ser mostrado ao cliente, mas deve ser bom o suficiente para a equipe tomar decisões a respeito de que candidatos têm potencial de progresso. Alguns escritórios empregam visualizadores, pessoal particularmente hábil em tornar conceitos esboçados e produzir visualizações e que exploram com maior precisão seu potencial. Estas visualizações podem ser produzidas na tela ou como *renderings* em papel.

Curiosamente, em um tempo, em que o *rendering* com computadores é tão preciso, os desenhos em papel têm uma vitalidade, liberdade e gosto que os computadores não conseguem igualar. Não é incomum que o cliente queira reter as visualizações produzidas à mão por suas qualidades artísticas. Há pouca dúvida, entretanto, de que a maioria dos esboços será retrabalhada na tela, onde a manipulação do texto, da cor e imagem encoraja a experimentação. Grids simples serão utilizadas para alinhar os elementos gráficos e texto, assegurando uma apresentação coerente. Os designers trabalham na face principal da embalagem primeiro. Esta é a face que os consumidores veem primeiro e é a mais importante para ficar correta. Ela estabelecerá o padrão e o tom para as outras faces. Para muitas aplicações em embalagem, um "print" em cores pode ser suficiente, permitindo ser aplicado a um contêiner em branco ou permitindo recortar e formar um rótulo. Onde o design inclua fotografia ou ilustração, ela pode ser encontrada em arquivos de fotografia existentes, escaneada de revistas ou produzida por câmeras digitais. Finalizar fotografia é caro e consome tempo, por isso, não há sentido em fazê-lo nos estágios iniciais. É melhor utilizar-se de fontes existentes, aproximando-se do efeito final requerido. O mesmo se diga de ilustrações, quando esboços rápidos serão suficientes, sejam em creion, aquarela ou guache. Sistemas de provas especializados permitem que se imprimam diretamente em adesivos. Isto é particularmente útil para se ter um efeito visual mais realista.

As visualizações preparadas para os clientes devem ser no mesmo padrão, senão a opinião do cliente será dirigida pelo visual e não pela qualidade do design. A habilidade do cliente em julgar um trabalho de design necessita ser avaliada e as visualizações finais devem ser geradas para atender as expectativas do cliente. O cliente está pagando por criatividade e não por visualizações cheias de bossa. Elas são um meio de comunicação, e não um fim em si mesmo, assim não devem consumir tempo e recursos que serão mais bem direcionados a soluções criativas. Uma alta finalização não é o mesmo que bom design. Como a embalagem é tridimensional, é uma boa prática produzir embalagens *mock-up* em vez de desenhos planos. Será ainda melhor se forem mostradas em condições similares daquelas do ponto de venda proposto. A modelagem computacional pode fazer isso, mas não há substituto para se ver os *mock-ups* na prateleira ao lado da concorrência.

10

arte-final e **reprodução**

Introdução

Quando projetos de embalagem chegam ao estágio da preparação de artes-finais, há frequentemente um pânico do último minuto para se completar o projeto no prazo. No último estágio do processo de design, os prazos se aproximam rapidamente e atrasos anteriores criam uma pressão para se completar o trabalho. É aí que os erros teimam em aparecer, quando as revisões e verificações são imperfeitas. Manter o cronograma do projeto ajuda a evitar esses problemas e suas últimas consequências – a revisão das artes-finais, e o pior, embalagem impressa com erros. A maioria dos designers tem a habilidade e o software para preparar artes-finais, mas muitos estúdios empregam especialistas em arte-final com o intuito de assegurar que as impressoras recebam uma produção acurada em um formato adequado à impressão. Este capítulo explica alguns dos problemas mais comuns e como superá-los.

Preparação de originais

Um requisito principal na preparação de manuscritos é assegurar exatidão. Todo manuscrito original encaminhado ao escritório de design deve ser checado completamente e aprovado legalmente antes de ser liberado. Embora correções possam ainda ser feitas em data mais à frente, isso requer que o original seja revisto, e se material extra for adicionado, significará que o design tenha que ser repensado. É aqui que demoras e atrasos podem começar a se manifestar provocando pressa indesejada e a possibilidade de erro. Os manuscritos originais devem sempre ser submetidos em formato printado, legível e claro. Versões e fax pouco legível emendados à mão são muito comuns e podem criar interpretações errôneas.

Com a excitação do cliente, ou mesmo às vezes desespero, quando um projeto chega à sua conclusão, e com os designers trabalhando contra prazos, é nesta época que os temperamentos explodem. Manuscritos originais mal preparados são frequentemente a causa.

A equipe de design trabalhará com o que lhes é apresentado; eles assumem que tudo está correto, mas provavelmente questionarão qualquer erro óbvio. Os originais podem também ser apresentados em línguas não familiares aos designers. Isto não é normalmente um problema, já que os textos são editados caracter por caracter. Línguas não europeias, como árabe ou chinês, devem requerer atenção de especialistas de fora do escritório.

O manuscrito original fornecido frequentemente excede o espaço alocado no painel ou força o uso de tipos com corpo pequeno com problemas subsequentes de impressão e de leitura. É compreensível talvez que um gerente de marca entusiasta queira exaltar as virtudes do produto incluindo informação muito elaborada. Diferentemente de um folheto, o texto nas embalagens é raramente lido em detalhe e qualquer esforço deve ser feito para mantê-lo em um nível mínimo. Com a pressão ambiental de se eliminar embalagem secundária, e texto legalmente obrigatório em muitas categorias de produtos, há necessidades reais de se incluir quantidades substanciais de texto. As soluções podem incluir o uso de rótulos sobrepostos ou um estilo Fix-a-Form de folheto-rótulo. Em última análise, a face principal da embalagem, a face de venda, deve ser mantida livre de texto supérfluo a fim de sobrar espaço para o design gráfico trabalhar efetivamente e comunicar a marca e produtos a consumidores. Há uma mensagem simples para pessoas preparando manuscritos, mantenha-os no mínimo.

Para ajudar nesta tarefa, é útil fornecer aos autores os detalhes da medição dos painéis, indicando os tamanhos das áreas necessárias para o código de barra e dados essenciais. Um desenho preparado em escala 1:1, incorporando as áreas mencionadas antes, ajuda mesmo ao focalizar a atenção na disponibilidade de espaço para texto. É útil aumentar este desenho incluindo linhas de texto fictício composto no corpo recomendado e talvez em corpo menor para se ilustrar o efeito geral. Isto dá ao autor do texto um guia do número de palavras/toques disponível. Para a face frontal ou de *display*, a mesma técnica pode ser utilizada, mas o designer balanceará cuidadosamente a tipografia com os outros elementos de design, imagens, ilustrações e a marca. Em alguns estudos de design, o trabalho inicial pode ser conduzido em inglês apenas para se determinar que um outro idioma é também necessário. Se o novo idioma muda a quantidade de texto, pode desbalancear substancialmente o design. Problemas deste teor podem ser evitados definindo-se os idiomas antes de começar.

O manuscrito deve ser fornecido ao escritório de design bem cedo no processo de design, já que terá um impacto no design geral. Frequentemente, isto não acontece, e decisões de design tomadas previamente devem então ser revistas. Um entrega tardia ou alterações de último minuto no manuscrito original são uma causa de atrasos em levar a arte-final para impressão. Os impressores serão então pressionados a reduzir os prazos de entrega, uma outra fonte potencial de erros. Quando o manuscrito final estiver pronto, as provas de prelo devem ser encaminhadas ao cliente para aprovação e rubrica. Incorporar o manuscrito original no design de embalagens é frequentemente a maior causa de atrasos no lançamento de produtos. E em custos não orçados. Isto talvez seja pelo fato de ocorrer sempre quando o projeto chega a seu clímax, e este também é o tempo quando a relação cliente-designer pode ficar particularmente estressada. Por isso é que faz sentido resolver os assuntos relativos ao manuscrito/original o mais cedo possível no processo de design.

Preparação de artes-finais

Artes-finais são produzidas universalmente, nos dias de hoje, eletronicamente utilizando-se Macs e PCs. A Figura 10-1 mostra um sistema de arte-final típico, em que alguns fatores devem ser considerados durante sua preparação:

- uso de fotografia e/ou ilustração;
- número de cores disponíveis e método de impressão;
- requisitos do processo de impressão;
- forma da embalagem.

Figura **10-1**
O sistema de arte-final

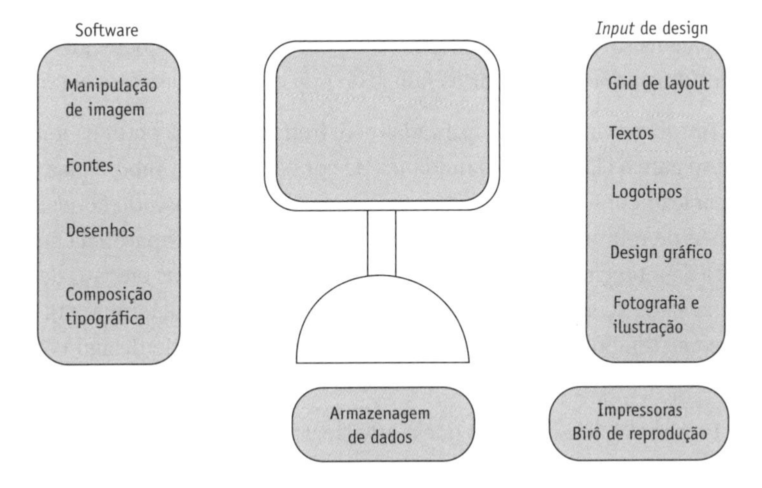

Fonte: Pira International Ltd

Os detalhes variam de acordo com o projeto e a forma da embalagem. Um contêiner plástico, por exemplo, pode envolver impressões em serigrafia e rotulagem ou possivelmente o uso de um invólucro de filme encolhível. Muitas embalagens, incluindo contêineres de metal e cartão, podem ser impressas por toda a sua superfície. Um guia de corte é uma típica arte-final básica para um cartão ou um rótulo; um desenho de painel é uma típica arte-final para um contêiner impresso em serigrafia. Os elementos de design e o texto são adicionados à base da arte-final. Neste estágio é usual ter os logotipos em sua forma final, as especificações de tipo e as imagens já em sua resolução correta. Trabalho conceitual inicial, entretanto, pode ter usado resoluções e escolha de cores que necessitem de conversão a fim de assegurar compatibilidade com o processo de impressão. Para impressão em Lito, as cores devem ser especificadas como cores pontuais (por referências Pantone para cores especiais, requerendo-se uma cor precisa para as cores corporativas) ou especificadas como cores CMYK para produção plana. Os originais devem ser compostos de forma precisa utilizando-se o entrelinhamento, espacejamento e as quebras de palavras corretas. Para embalagem com pouco texto, o Freehand ou Illustrator são os programas de software básicos. O QuarkXPress é utilizado algumas vezes, mas é mais útil quando se quer compor grandes volumes de texto, como em folheto e brochuras. Conhecimento dos processos de impressão é importante para finalizar o tamanho (corpo) do tipo, assegurando talvez que qualquer texto em negativo não fique borrado durante a impressão. Adaptar o design, do conceito à impressão, pode então envolver pequenas mudanças no original para que ele responda às demandas do processo de impressão.

Fotografia colorida e ilustrações são frequentemente indicadas na arte-final ou mostradas em imagens de baixa resolução. Isto permite um rolar mais fácil na tela e provas menos trabalhosas durante o trabalho de arte-final, e que imagens de alta resolução sejam supridas ao impressor. Às vezes, imagens requerem escaneamento em maior resolução do que disponível; ela será suprida por um birô de reprodução ou a instalação de reprodução do impressor, a fim de se obter separação de cores em filme de alta qualidade. Birôs e impressores também aconselham sobre alterações técnicas na arte-final de forma que elas atendam os requisitos de impressão. Isto pode incluir as especificações de "sangramento", em que as impressões ou imagens sangram além das linhas de corte; superposições, que requerem contenções e coberturas para compensar as falhas de registro da impressão; e ganho de grão.

Tinturas e vinhetas são utilizadas com frequência para obter o efeito de mudança tonal do escuro para o claro ou uma mudança de cor para outra. Embora elas possam ser produzidas mecanicamente, por aerógrafo ou eletronicamente no estudo conceitual, são notoriamente difíceis de reproduzir na impressão. Frequentemente, a aparência final da impressão é diferente da intenção original e diferente também das provas em jato de tinta. O único método confiável de se assegurar precisão é utilizar provas de máquina, um negócio custoso e que consome tempo. Em geral, é difícil para um escritório de design convencer seu cliente de que há incerteza a respeito do resultado final. Passa a ser uma questão de confiança.

Provas são obtidas antes que a arte-final vá para impressão. Nesta fase, as separações de cores estão prontas e incluem todas as melhorias a fim de compensar as falhas de registro, de forma que provas de jato de tinta ou *laser* não mais refletem com precisão o resultado final. O sistema mais utilizado para provas pré-impressão é o sistema Cromalin. Ele utiliza filmes plásticos colorizados que se igualam ao processo de impressão a cores e que são laminados sobre papel branco. Isso dá uma aproximação maior do resultado final. Entretanto, as provas de máquina são a única opção verdadeira para se checar com precisão o design, utilizando-se materiais de substrato corretos. Isso pode ser caro, já que as chapas precisam ser produzidas e impressões suficientes terão que ser feitas para reproduzir as condições de ajuste da máquina. É muito comum que se produzam 1.000 cópias antes que a máquina esteja regulada. Como alternativa, pode ser utilizada uma máquina de prova em que se produzam menos cópias, mas os resultados não serão tão precisos e próximos das versões finais produzidas na máquina.

Pode-se imaginar que os clientes se sintam frustrados em ter que ver apenas aproximações do resultado final. Em projetos com orçamentos curtos e cronogramas apertados, é usual tirar provas de máquina. Aqui o cliente e o designer ou técnico em impressão acompanharão a primeira impressão e aprovarão a impressão, ou pedirão alterações à medida que for sendo impresso. Essas seções acontecem fora dos horários normais de trabalho, e por isso requerem um grau de dedicação do designer e do cliente.

Métodos de impressão

Artes-finais são produzidas para atender as demandas de um processo de impressão escolhido. No trabalho com embalagem, frequentemente nos referimos à decoração de contêiner em vez de impressão de contêiner, já que alguns dos processos não são de impressão no sentido convencional. Gravação e alto ou baixo relevos podem adicionar efeitos ou mesmo texto a contêineres, mas não são processos baseados em impressão. Em contêineres de vidro e plástico, isso é conseguido durante a produção, quando o design é incorporado aos moldes. Em materiais baseados em papel, um clichê é utilizado, gravado com o padrão requerido e prensado no substrato sobre uma base resiliente, o que permite áreas da embalagem em alto ou baixo relevo; se uma textura for necessária por toda a embalagem, são utilizados rolos texturizados.

A gravação com *hot stamping* é utilizada frequentemente combinada com impressão convencional para se obter efeitos metálicos em contêineres e rótulos. O processo usa um estampo gravado e aquecido que pressiona um filme contendo película metálica sobre o substrato. Produz um efeito de acabamento metálico brilhante, diferente dos efeitos sem graça quando se usam tintas com pigmentos metálicos. Ouro e prata são utilizados com frequência em cosméticos e embalagens de confeitos. Impressão flexográfica é uma técnica que permite aplicar uma quantidade limitada de impressão a superfícies irregulares ou curvas compostas. A tinta, no padrão ou no texto previsto, é transferida a uma manta de silicone flexível que é pressionada contra o substrato. Usada originalmente para adicionar impressão a mostradores de relógios, é utilizada ocasionalmente em aplicações de embalagens. A habilidade de se conformar a curvas compostas é demonstrada pelo seu uso em imprimir ou marcar ovos. A impressão em jato de tinta é método sem contato onde tinta atomizada é dirigida ao contêiner em um padrão definido. A tecnologia está sendo aperfeiçoada, mas ainda tende a ser utilizada apenas confinada a adicionar códigos ou datas de validade e não é um método de impressão principal.

Estes métodos de decoração todos são utilizados em aplicações de embalagem, mas são processos especializados, frequentemente utilizados fora da linha. De longe, os métodos de impressão mais usados no setor de embalagens são desenvolvimentos de processos convencionais de impressão que estão conosco há muitos anos, além da impressão digital, um recém-chegado agora fazendo sua entrada no mercado de impressão. Aqui está a lista deles:

- impressão tipográfica;
- flexografia;
- litografia;
- gravura;
- impressão por tela;
- digital.

Em todos esses processos, os princípios básicos são bem diretos mas, na prática, impressão é um negócio complexo e requer um alto grau de competência para se conseguir os resultados desejados. Esta seção descreve as operações básicas e suas principais aplicações em embalagens. Há muitos detalhes que não cobrimos e fazem a expertise do impressor.

A impressão tipográfica e a flexografia são processos de impressão de relevo, valendo-se do princípio da superfície elevada para aplicar a tinta. A impressão tipográfica se utilizou historicamente de tipos móveis em metal ou madeira para produzir texto impresso com tinta à base de óleo e de alta viscosidade. Em aplicações em embalagem, foi largamente suplantado pela impressão flexográfica, que utiliza chapas de fotopolímero flexível. A Figura 10-2 mostra o layout geral de uma estação de impressão flexográfica.

Figura **10-2**
Impressão flexográfica

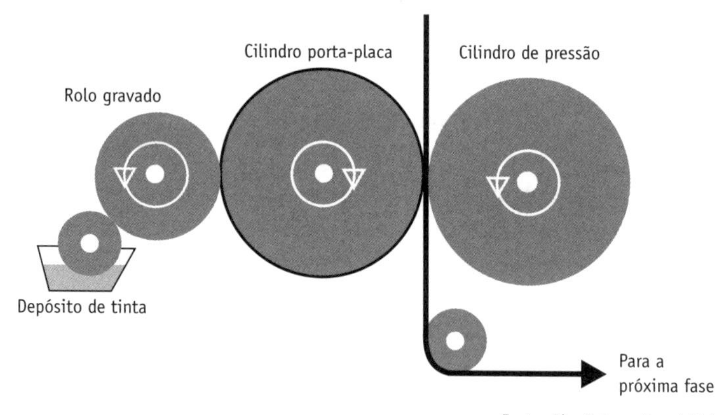

Fonte: Pira International Ltd

É um processo de relevo: a porção elevada da chapa está em contato com o substrato, e como o pressiona ligeiramente, cria um efeito de halo em torno da imagem impressa. Este efeito é utilizado para produzir um resultado de baixa qualidade, particularmente em um trabalho a quatro cores ou reproduzindo fotos. Mas esses problemas foram superados e a impressão flexográfica rivaliza com a litografia em muitos aspectos. A vantagem de se ter uma superfície macia de impressão permite à flexografia atingir a impressão de superfícies mais grosseiras, particularmente na impressão direta em cartão corrugado ou em papel craft. É utilizada para imprimir filmes flexíveis onde a superfície macia de entintamento não danifica o filme. Pode utilizar tintas que não afetem aos substratos plásticos. Para rolos de impressos plásticos utilizados em aplicações de formar/encher/selar, a impressão flexográfica é comumente a melhor impressão.

A litografia é o processo mais utilizado para aplicações em embalagem. É um processo planográfico utilizando uma chapa sem superfície elevada para carregar a imagem. Em vez disso, a chapa é preparada para ter áreas de recebimento de tinta e áreas de recebimento de água, utilizando o princípio de que óleo e água não se misturam. As chapas são fabricadas normalmente de um liga de alumínio muito fino recoberta com uma camada fotossensível que é receptível ao óleo, dependendo se a chapa está trabalhando positiva ou negativamente. A imagem é aplicada à chapa utilizando-se exposição fotográfica. As chapas são montadas em um cilindro e as imagens são transferidas da chapa para um rolo de tecido que faz contato com o substrato. A Figura 10-3 mostra uma estação de litografia onde uma cor está sendo aplicada. Cada estação subsequente aplica uma cor adicional, de forma que trabalho a quatro cores e imagens podem ser produzidos por quatro estações aplicando as quatro cores consecutivas.

Figura **10-3**

Impressão litográfica

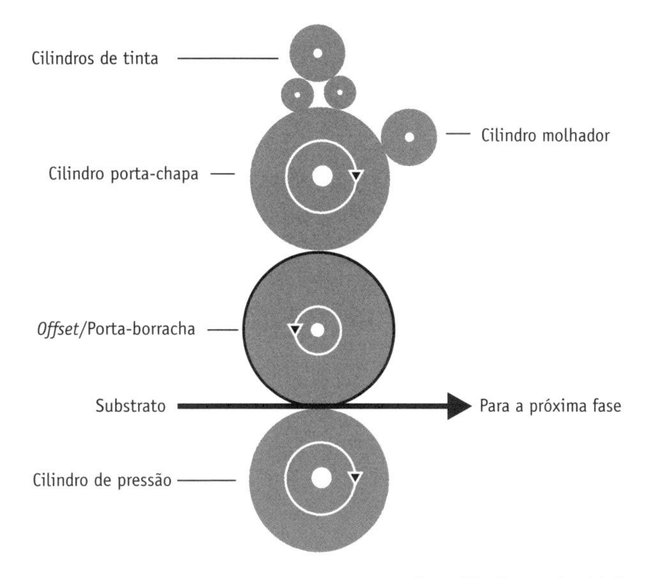

Fonte: Pira International Ltd

Na prática, muitas impressoras lito incorporam seis ou oito estações, permitindo o uso das cores básicas além de cores especiais (como as cores especificadas para o logotipo ou as cores corporativas que requerem reprodução acurada) e vernizes de proteção. Cartonagem e rótulos são produzidos usualmente nesta forma, utilizando material em folhas e com corte e vinco em uma operação separada após a impressão. A qualidade da impressão é excelente com definição muito precisa e com profundidade de cores. O processo também é utilizado para imprimir folhas de metal, principalmente para latas de três peças. Aqui o metal impresso, na maioria das vezes folha-de-flandres, é capaz de receber gráfica de alta qualidade em volta de todo o corpo do contêiner.

As impressoras *offset* em litografia são usadas para imprimir material de rolo. Elas são mais adequadas para produção de revistas em alto volume do que para embalagem. Uma impressora típica de *offset* imprime ambos os lados do substrato, normalmente papel, de uma vez. O processo de gravura utiliza-se de cilindros de aço cobertos de cobre; a imagem é gravada fotograficamente nos cilindro e fixada quimicamente. Os cilindros são normalmente cromados a fim de prover uma superfície resistente. De fato, o cilindro se torna uma série de células e a partir daí deposita a tinta em um padrão de pontos, mesmo para material linear. De todos os processos de impressão, a gravura proporciona a mais alta qualidade de impressão e de consistência, mas não tem preço competitivo. Os cilindros são caros e levam muito tempo para serem preparados, assim sua aplicação se restringe a uma produção de alto volume e sobre materiais tramados onde poucas mudanças são previsíveis. Uma aplicação típica é para formar/encher/selar de laminados flexíveis. A barra Mars é um exemplo em que quantidades justificam o uso da gravura. A Figura 10-4 mostra uma estação de gravura.

Figura **10-4**
Impressão de gravura

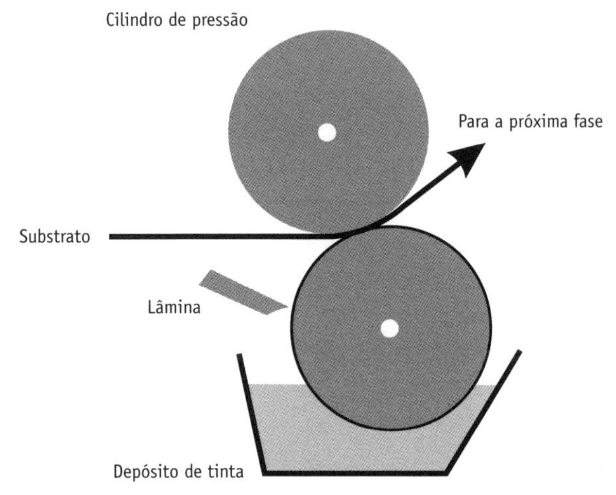

Fonte: Pira International Ltd

A impressão por tela [serigrafia ou *silkscreen*, N.T.] utiliza uma tela de poliéster, tratada fotograficamente e que permite que uma imagem seja projetada na tela e exposta à luz ultravioleta. As áreas da imagem são então lavadas para expor a tela. A tinta é aplicada à tela, esticada em um bastidor, com a finalidade de passar a tinta através da imagem exposta aplicando-a diretamente no contêiner ou substrato. Apesar de ser um processo relativamente lento, pode ser aplicado a processos na linha. A impressão rotativa em tela pode aumentar as velocidades de produção da linha. Uma vantagem do processo é o depósito de camadas espessas de tinta que proporcionam boa cobertura sobre fundos coloridos. Outra vantagem é que as tintas podem ser utilizadas para aderir a superfícies difíceis e não porosas, como vidro e plásticos. As garrafas plásticas são frequentemente impressas utilizando-se técnicas com tela, usualmente após pré-aquecer a superfície a fim de ajudar a aderência da tinta. Vidro e cerâmicas igualmente requerem aplicação de tintas mais espessas e utilizam impressão com tela e subsequente aquecimento para fixação da tinta. As desvantagens incluem as limitações da tela em reproduzir linhas finas ou texto e a produção de uma cor opaca por ciclo. É possível utilizar telas separadas para se aplicar mais de uma cor por ciclo, providenciando que o design acomode um separador entre as cores.

A mais importante adição a estas técnicas estabelecidas é a impressão digital, utilizando-se de tecnologia de jato de tintas ou *laser*. Sistemas diferentes estão em uso, mas todos permitem uma produção econômica de ciclo curto, permitindo-se a mudança em cada página/face printada se tiver que se preparar artes. Um trabalho em cores pode ser impresso em padrões de qualidade de litografia, e, como resultado, esta tecnologia de impressão conforme a demanda está se estabelecendo na corrente mais atual da impressão.

Sistemas de guarda de artes-finais

Os escritórios podem agora armazenar as artes-finais em formato digital para um resgate ou correção mais rápidos. Isso é uma grande vantagem em comparação com os métodos anteriores e ajuda a minimizar erros quando da revisão das artes-finais. É também mais eficiente do ponto de vista dos custos. Por exemplo, há muitos casos em que um formato comum de rótulo é utilizado com diferenças mínimas para cobrir variedades de produtos. Passa a ser uma tarefa fácil resgatar a informação comum e mudar apenas os detalhes. Os escritórios agora podem se comunicar diretamente com os clientes enviando por email as artes-finais, no formato mais frequentemente utilizado PDF (Portable Document Format) que é compatível com Mac ou PC. Isso pode ser estendido a versões animadas ilustrando como embalagens são formadas ou permitindo a visão na tela da manipulação da embalagem em *displays* simulados, o que se provou particularmente útil quando clientes estão localizados no exterior e quando a aprovação de artes-finais foi reduzida drasticamente.

11

estratégia **ambiental**

Mudanças de clima

É evidente que nosso clima está mudando. A Grã-Bretanha está vivendo verões quentes e secos e invernos amenos e chuvosos, em que as inundações de áreas baixas estão se tornando cada vez mais comuns. Em outra parte do mundo, outras mudanças dramáticas estão ocorrendo com secas incomuns, tempestades e temperaturas recordes. De acordo com estudos na Mongólia e no Canadá, os anéis de crescimento das árvores estão mostrando um aumento médio de crescimento constante, mas o congelamento nestas regiões está decrescendo. A estação do crescimento das lavouras na Austrália está se estendendo. Insetos estão migrando para regiões que anteriormente eram muito frias para sua sobrevivência, como exemplificado pela aparição de térmitas na Grã-Bretanha e borboletas nas colinas altas da Califórnia. Há também evidências de degelo nas capas polares.

O Met Office's Hadley Centre e o Tyndall Centre na Universidade de East Anglia (UEA) em Norwich construíram um modelo computacional do clima que sugere uma acelerada mudança do clima na Grã-Bretanha. Eles previram que em 2080 haverá um acréscimo de 30% na chuva de inverno, particularmente no sul, com um potencial de incidência cada vez maior de enchentes. A chuva de verão, entretanto, é prevista diminuir em 50%, novamente em particular no sul, colocando em risco o abastecimento de água. Os níveis do mar devem se elevar com o surgimento de tempestades em algumas costas. A evidência indica que o Hemisfério Norte está agora mais quente do que nos últimos 2.000 anos. O Painel Intergovernamental sobre Mudanças Climáticas da ONU concorda com o informe e adverte sobre aumento de inundações em áreas baixas como o Ganges e o delta do Mekong, ocasionando a ruína de economias locais e o deslocamento de populações.

Opiniões científicas estão divididas sobre a causa. Pode-se argumentar que anomalias climáticas ocorrem na natureza em bases cíclicas coincidindo, por exemplo, com aumento de atividade solar. A suspeita principal, entretanto, parece recair no aumento do efeito-estufa, ocasionado particularmente pelo dióxido de carbono. A questão importante a se responder é se este aumento é devido à atividade humana, e se assim for, que ações devem ser tomadas.

Em abril de 1998, o American Petroleum Institute registrou um aumento na temperatura global e um aumento no efeito-estufa, mas procurou negar qualquer responsabilidade:

"Pessoas devem distinguir entre tendências naturais do clima e possíveis impactos humanos. Nos últimos 100 anos, as temperaturas da superfície global aumentaram uma média de meio grau Celsius. A maioria desse crescimento aconteceu antes de 1940, mas dois terços do efeito-estufa criado pelo homem não entraram na atmosfera antes de 1940."

Um ano antes, em junho de 1997, Bill Clinton, à época presidente dos Estados Unidos, falou a uma sessão especial da Assembleia-Geral da ONU, na qual colocou uma mensagem diferente:

"A ciência é clara e convincente; nós humanos estamos mudando o clima. Nenhuma nação pode fugir à responsabilidade."

Ele falou bem, na medida em que as emissões de gases na atmosfera não têm fronteiras nacionais. É meio irônico que o maior produtor do efeito-estufa seja de longe os Estados Unidos.

Dióxido de carbono é produzido naturalmente pela respiração animal e vegetal. Adicionalmente, há os gases como o metano, liberados naturalmente na atmosfera de material em decomposição de plantas. Embora estes gases ocorram naturalmente e sejam liberados na natureza em porções pequenas, eles têm uma grande propriedade de retenção de calor. O metano também é liberado de aterros, da decomposição de papel, de dejetos verdes e de comida. A atividade humana está contribuindo claramente para o aumento do efeito-estufa pela queima de combustíveis fósseis em estações de energia, nas casas e nos automóveis. Esta situação tem piorado pela derrubada séria de florestas, particularmente as florestas tropicais, onde o crescimento acelerado das plantas encoraja a absorção do dióxido de carbono e a emissão de oxigênio. O reflorestamento no norte da Europa é sazonal e por isso muito lento.

Não há estatísticas que quantifiquem convenientemente a contribuição específica da embalagem. Cada fabricação e transporte de materiais envolvendo um acréscimo de energia baseado em combustíveis fósseis contribuirá para a emissão de gases. Podemos ver vantagens de marketing ao desenhar uma embalagem, mas devemos estar conscientes de nossa responsabilidade ambiental. Este capítulo aborda alguns passos práticos para designers.

Esgotamento de recursos

O maior esforço da legislação ambiental e o foco dos programas de governo são indubitavelmente na direção da redução dos níveis de desperdício na embalagem. Pode ser cínico, mas parece haver um forte apelo comercial nestas ações. A ênfase em reduzir os aterros, por exemplo, pode parecer ser deflagrada pela dificuldade e custo de se encontrar locais adequados. O imposto sobre aterros introduzido na Grã-Bretanha é uma fonte de arrecadação, mesmo se criado para melhorar a performance ambiental.

O descarte do lixo é sem dúvida um problema, mas que pode ser resolvido em âmbito nacional se donos de casa e autoridades locais mudarem seus métodos de descarte. Pode ser caro, mas pode ser feito. De maior importância ainda é o esgotamento de recursos. Isso recebe menos atenção, mas também é de relevância global. O descarte de lixo não está criando mudanças irreversíveis, mas nós continuamos a esgotar nossas florestas tropicais e os recursos de combustível fóssil e eles não podem ser repostos.

Os plásticos são preponderantemente produtos baseados em petróleo e as fontes deles são finitas. Isso implica o desenvolvimento de alternativas de recursos renováveis. A indústria do papel e do cartão pode anunciar alguma superioridade por meio do reflorestamento. No debate ambiental, não devemos perder de vista o dano, às vezes irreversível, que podemos causar a uma variedade de espécies vivas de nosso planeta, assim como o esgotamento de recursos finitos.

Desperdício

O desperdício na embalagem é um aviso visível de nossa irresponsabilidade ambiental. O descarte de embalagens suja nossas cidades, decora as margens de nossas estradas, das paisagens rurais e suja nossas praias. Portanto, não é surpresa que a feia presença do lixo é uma forma fácil de criticar a embalagem como um desastre ambiental. É uma opinião reforçada de forma diária quando lutamos para encher nossas latas de lixo com embalagens, aparentemente imbuídos com a força de resistir a todos os esforços de amassá-las à submissão. Entretanto, independentemente do que pensamos do lixo da embalagem, temos que contrabalançar a escala do problema do descarte com os benefícios trazidos pela embalagem.

O lixo municipal representa o lixo coletado pelos responsáveis por sua coleta e inclui lixo doméstico e todas as outras coletas feitas pelas autoridades locais. Ele representa por volta de 8% de todo o lixo anual da Grã-Bretanha, e isso equivale a 35 milhões de toneladas e cresce 3% ao ano (Figura 11-1). A embalagem doméstica descartada está incluída neste número junto com o lixo da cozinha e do jardim. As estatísticas dão um número confiável ao conteúdo de embalagem. O Industry Council for Packaging and the Environment – INCPEN (Conselho da Indústria para a Embalagem e o Meio Ambiente) conduziu um estudo na composição do lixo doméstico em 1999. Seus números sugerem que a embalagem descartada representa 21% do peso do conteúdo de uma lata de lixo média. Aplicar este número a todo o lixo municipal promove uma estimativa de embalagem descartada em toda a Grã-Bretanha que supõe o descarte de embalagens de 1–2% de todo o lixo produzido. Descarte de embalagem também ocorre nos setores industriais e comerciais, mas as estatísticas não fornecem nenhum detalhe sobre ele.

Figura **11-1**
Lixo anual na Grã-Bretanha

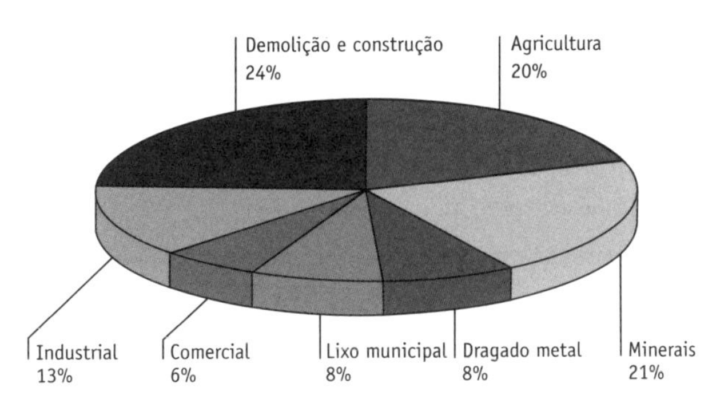

Fonte: Defra

Embora os números para o lixo de embalagem possam parecer modestos comparados com outras categorias de lixo, eles continuam significantes em termos de tonelagem e são o foco para uma ação pela União Europeia (UE) e pelos governos nacionais. Um objetivo é o de reduzir o total de lixo indo para os aterros sanitários, devido ao efeito-estufa gerado. A Figura 11-2 ilustra o gerenciamento atual do perfil do lixo na Inglaterra; ele demonstra que 77% do lixo municipal é enviado para aterros sanitários. Outros objetivos são reduzir a quantidade de lixo na fonte e encorajar reutilização, reciclagem, o uso de materiais recicláveis, compostação de materiais orgânicos e resgate de energia por meio da incineração. Com a combinação destas opções, o governo da Grã-Bretanha se colocou uma meta de recuperar 67% do lixo municipal até 2015 (*Waste 2000*, p. 21). E indicou sua intenção de priorizar ação ambiental como uma estrutura hierárquica (*Waste Strategy 2000 for England and Wales*, p. 42).

Figura **11-2**
Administração do lixo municipal na Grã-Bretanha

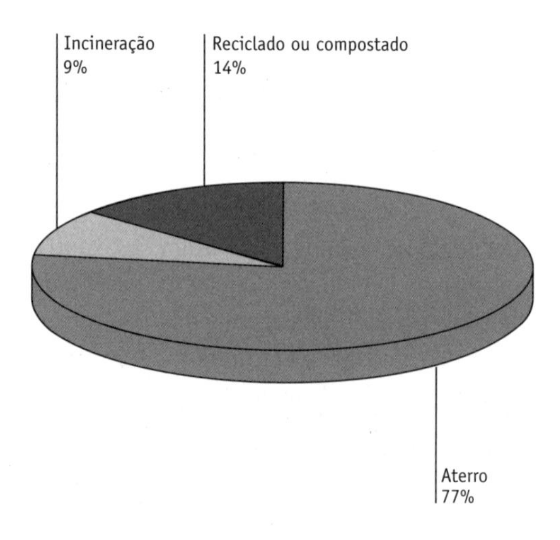

Fonte: Defra

A Figura 11-3 mostra a hierarquia do lixo. Este modelo adapta-se perfeitamente à iniciativa de acompanhar a embalagem e está coberto com mais detalhe nas próximas páginas. Primeiro, aqui, à guisa de lembrete, diga-se que a embalagem, antes do descarte, promove benefícios ao meio ambiente:

- prevenindo a perda de produtos perecíveis, há menos desperdício de produtos;
- protegendo os produtos contra os danos no trânsito, a energia investida nos produtos é preservada. Quando os produtos são danificados, o custo ambiental para repô-los pode ser considerável. A energia utilizada na produção e no transporte para sua reposição será duplicada.

Figura 11-3
A hierarquia do lixo

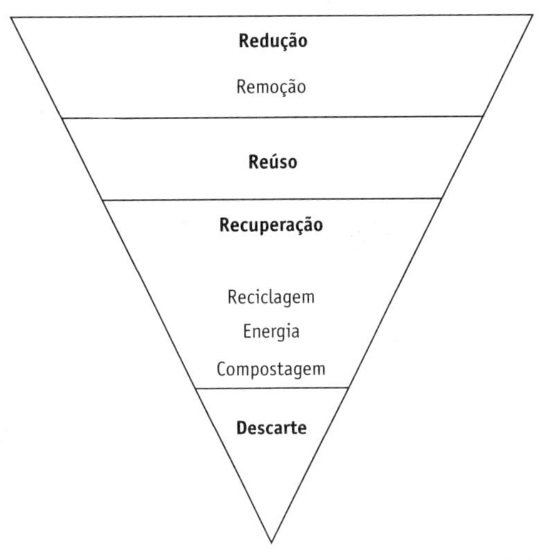

Fonte: Pira International Ltd

Desenhando para reduzir ou evitar embalagens

Pode ser estranho, para um livro sobre embalagem, advogar pela redução da embalagem. Entretanto, evitar a embalagem é uma questão fundamental que é necessário considerar por razões ambientais. Às vezes é relativamente fácil; embalagem secundária pode ser removida, tirando-se os produtos de suas caixas e permitindo-se a demonstração de seus vidros ou garrafas. É realmente necessário que o molho tabasco, alguns cremes para o rosto e embalagens de refil de pimenta em grão sejam em caixas? Para embalagem de outros produtos, poderemos ser forçados olhar além do produto imediato e considerar seu ciclo total de vida. Poderemos eventualmente achar que um conceito mais convencional continua válido, mas ainda assim tem valor investigar outras opções. Os resultados podem ser desconfortáveis, requerendo alianças além das nossas mais familiares. As ideias podem ser interessantes, mas colocá-las em operação pode ser difícil.

Aqui, um exemplo para o mercado do "Faça você mesmo". É baseado em um projeto real, em que o cliente era um fabricante de ferramentas. A linha incluía máquinas manuais elétricas especificamente para uso doméstico: furadeiras, lixadeiras, serras tico-tico etc. A empresa também fabricava brocas e uma grande variedade de ferragens associadas. O mercado era dominado tradicionalmente por homens, mas a empresa vislumbrou uma oportunidade de se dirigir à mulher, que se interessa cada vez mais por decoração doméstica, mas é inexperiente no uso de ferramentas. As mulheres neste mercado querem ser independentes de intervenção masculina, e se sentem intimidadas por sua falta de conhecimento. As lojas do tipo "Faça você mesmo" eram consideradas intimidantes, confusas e que não ajudavam em seu layout, vendendo brocas em um setor, máquinas manuais elétricas, parafusos e elementos de fixação, em outro.

O briefing pedia por uma melhora radical na organização dos produtos e procurou vias de reduzir a embalagem e aumentar a performance ambiental. Por simplicidade, focaremos apenas dois produtos: a furadeira básica de duas velocidades e suas brocas para uso em madeira, metal e granito. A Figura 11-4 mostra o ciclo de vida corrente do produto.

Figura **11-4**

Ciclos de vida de embalagens de máquinas de furar e de brocas

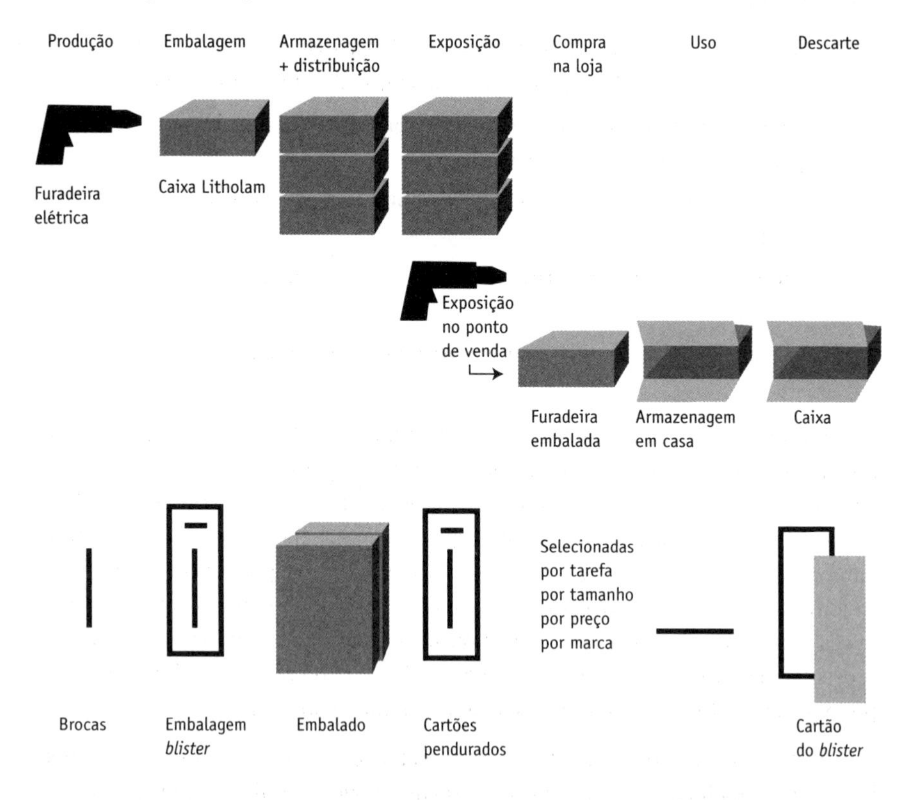

Fonte: Pira International Ltd

Consideremos a furadeira primeiro. A caixa preenche algumas funções:

- conter o produto; na produção, armazenagem, transporte e distribuição;
- proteger o produto: nível mínimo requerido, já que o produto é robusto;
- promotores de marca ou do produto: não percebidos até após a compra; ferramentas desembaladas no ponto de venda; a caixa promove um reforço da marca em casa;
- armazenagem: a caixa pode ser utilizada para guarda em casa.

É possível repor a caixa com bandejas retornáveis e empilháveis em um sistema de círculo fechado cobrindo produção, distribuição e armazenagem no depósito da loja "faça você mesmo". Esta opção requer cooperação com as lojas e um estudo para determinar a viabilidade comercial e os benefícios ambientais. Não apresentaria ao comprador ou usuário uma opção de armazenar o produto e não permitiria incluir as instruções de uso. O comprador deverá carregar a furadeira em uma sacola plástica no ponto de venda.

A firma Bosch na Alemanha experimentou e superou o problema da armazenagem fornecendo sacolas de tecido com o logotipo Bosch no ponto de venda. A sacola é genérica, podendo ser utilizada com uma variedade de modelos de ferramentas elétricas. Na residência, a sacola é conveniente para pendurar em estantes ou no depósito. Essa é uma opção a ser explorada.

As brocas são atualmente embaladas em embalagens do tipo *blister* utilizando um eficiente processo em linha. A embalagem *blister* desempenha diferentes funções:

- contêm o produto: a embalagem primária requer um contêiner secundário de despacho para múltiplos no transporte;
- proteção ao produto: o produto é robusto, mas pode precisar de proteção contra ferrugem;
- promoção: informação crítica de marca e do produto é provida no *display* de cartões pendurados;
- armazenagem: a embalagem *blister* é descartada pelo usuário.

Isto traz alguns pontos importantes a respeito do ciclo de vida total da broca. Primeiro, é difícil selecionar o tipo e o tamanho corretos da broca para um tarefa específica, especialmente para pessoas com conhecimento limitado. Empresas do tipo "Faça você mesmo" fizeram grandes progressos com a informação nas lojas proporcionando folhetos que descrevem tarefas comuns, empregando pessoal para dar assistência e preparando expositores e apresentações na tela. Ainda assim, continua aterrorizante para os não iniciados. Segundo, qualquer tarefa particular em casa ou no jardim terá que envolver outras ferramentas, parafusos, ferragens, madeira etc. A escolha da furadeira, das brocas e dos parafusos pede por uma solução integrada, e se isso pudesse ser realizado seria um benefício real para o consumidor.

Um terceiro ponto a considerar é a armazenagem das brocas em casa. Algumas embalagens, principalmente para múltiplas brocas, já são desenhadas para ser um contêiner ou selecionador. A embalagem é normalmente feita de plástico injetado. Seria possível eliminar a embalagem *blister*, já que as brocas necessitam de pouca proteção física. Mas isso não atende a necessidade de ter a marca ou de identificar o tipo de broca, seu tamanho e aplicação. Uma solução potencial é ter uma unidade de ponto de venda com brocas não embaladas, permitindo uma autosseleção e uma área de informação ao consumidor. Remover o *blister* representa um ganho ambiental, mas requer um sistema de transporte e de identificação (Figura 11-5).

Cada broca individualmente poderia ter uma etiqueta autoadesiva de papel com o código de barras ou uma etiqueta com identificação por radiofrequência. A identificação por radiofrequência de (RFID) é explicada no Capítulo 12. Como um refinamento adicional, as brocas em si poderiam ser codificadas por cores, cada haste da broca poderia ser mergulhada em uma cor indicando alvenaria, aço ou madeira. Perda ou roubo sempre foi uma preocupação com itens pequenos e relativamente caros como brocas, e os cartões *blister* sempre foram vistos como um modo de evitar roubos. Com a tecnologia do microchip, isso deve se tornar um problema menor. As brocas etiquetadas podem ser embaladas a granel em unidades dispensadoras de prateleira ou em bandejas retornáveis, como proposto para as ferramentas elétricas, e aqui as bandejas também podem ser dispensadores.

Figura **11-5**
(a) Broca embalada em *blister* e (b) embalada com etiqueta

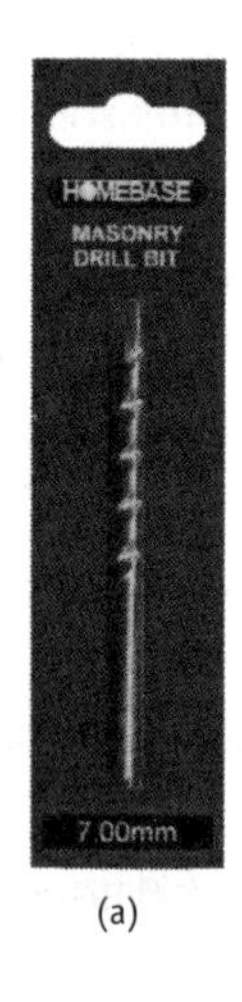

(a)

(b)

Fonte: Pira International Ltd

Figura **11-6**
Embalagem para brocas etiquetadas

Fonte: Pira International Ltd

A unidade do ponto de venda pode também ter ferragens associadas, parafusos, tomadas etc., tornando-se uma sistema orientado para uma tarefa, no qual todos os componentes estão agrupados em uma única área. Isso começa a atender ao critério de desenvolver benefícios ao consumidor. O esboço de um conceito na Figura 11-7 indica como um projeto como esse pode se desenvolver. Ele propõe que as brocas sejam contidas em um dispensador reutilizável que se encaixa em um *display* especialmente construído, que nós chamaremos de Balcão de Brocas. O Balcão de Brocas também oferece ferramentas elétricas, modelos cativos para exame e manipulação. Os produtos em si serão armazenados separadamente em bandejas retornáveis, e talvez seguindo o exemplo da Bosch, colocados em uma sacola de tecido no ponto de venda.

Isso não significa uma solução de design compreensivo; meramente ilustra uma possibilidade. Ele desafia a prática corrente, mas no sentido de ganhar benefícios ambientais. Considerando-se sistemas completos em vez de embalagens individuais, haverá possibilidades de remover embalagem de algumas categorias de produtos. Não funcionará para todos os produtos. Muitos estudos de design concluirão que a embalagem não pode ser removida por razões de proteção de produtos, integralidade dos produtos, apresentação, higiene ou segurança. Apesar disso, a eliminação da embalagem deve ser um das primeiras áreas a serem consideradas.

Figura **11-7**
Conceito de *display* para brocas

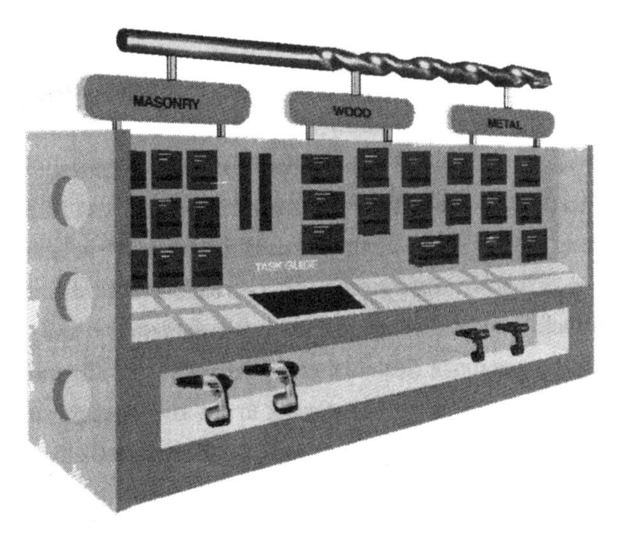

Fonte: Pira International Ltd

Desenhando para reutilização

O "The Packaging (Essencial Requirements) Regulations 2003" [O Regulamento dos Requisitos Essenciais da Embalagem, N.T.] define o "reúso" como: "qualquer operação pela qual a embalagem, que foi concebida e desenhada para executar dentro de seu ciclo de vida um número mínimo de viagens ou rotações, é enchida novamente ou reusada para o mesmo propósito para o qual foi concebido, com ou sem o suporte de produtos auxiliares presentes no mercado; estas embalagens reusadas se tornarão lixo quando não forem mais reutilizadas".

É uma definição longa e legalista que está se referindo realmente a um sistema de ciclo fechado tipificado na Grã-Bretanha pela entrega de leite em garrafas de vidro.

As vantagens ambientais de um sistema de ciclo fechado dependem do ganho de energia com a não fabricação de novos contêineres por cada unidade do produto. Para assegurar que um contêiner confiável pode completar um número de viagens pré-fixado, ele deve ser robusto o suficiente para resistir a elas. Contêineres enchidos novamente serão então mais pesados, usarão mais material e custarão mais que seus similares sem retorno. Os custos de transporte serão maiores devido a seu peso maior e ao recolhimento dos contêineres vazios.

Contêineres de vidro têm uma longa tradição de serem reutilizáveis. Na Grã-Bretanha, cerveja e refrigerantes eram vendidos em garrafas reutilizáveis até os anos 1960. Um pequeno depósito poderia ser recebido de volta no retorno das garrafas à loja local, um sistema muito apreciado pelas crianças sempre atentas a suplementar sua mesada. Enquanto a Grã-Bretanha se movia para os contêineres sem retorno, muitos países da Europa mantiveram seus contêineres de vidro reutilizáveis e agora vendo sua reintrodução aqui também. A Schweppes acaba de completar o redesign de suas garrafas de *mixed drink*. São garrafas de vidro reutilizáveis que foram lançadas no mercado continental europeu, onde o reúso é norma. A Grã-Bretanha deve seguir esse curso.

A comunidade de design de embalagem vai ter que considerar contêineres reutilizáveis para atender as regras ambientais. Mas não há motivos para que materiais que não sejam vidro sejam considerados. O exemplo seguinte do setor de produtos para lavar roupas ilustra como contêineres plásticos podem ser reutilizados. Olhando-se para o futuro, as tendências de estilo de vida indicam um aumento em casa de solteiros masculinos. Neste momento, os produtos de lavagem de roupa são uma mistura confusa de marcas, sistemas e variantes de produtos, acompanhados de impenetráveis códigos de máquina:

- Marcas: Ariel, Bold, Daz, Ecover, Fairy, Filetti, Surf, Suncare, Calgon, Granny's, e marcas próprias.
- Tipos de produtos: Bio, Non Bio, Cores, delicados.
- Sistemas de entregas: bolas dosadoras, tabletes, redes, sachês, líquidos e pó.
- Uso em máquinas: temperatura, tipo de tecido, centrifugar, pôr de molho, separação de cores, cargas de máquina.

Pode ser que homens jovens se saiam bem dessa, mas a maioria simplesmente não está interessada. Uma pesquisa com 50 homens, estudantes de graduação, foi sumarizada por um deles como se segue: "Eu, geralmente encho a máquina e graduo para 40 graus. Nunca sei quando colocar pó – provavelmente coloco pó demais". Alguns levam sua roupa para casa de sua mãe, outros têm a ajuda da namorada.

Tendo-se pouco envolvimento com detergentes e um desejo de simplesmente completar uma tarefa doméstica, homens solteiros, em particular, procuram uma solução fácil. A dosagem de detergentes é outra área onde existe pouco conhecimento. A dosagem de detergentes é raramente adequada à qualidade da água e um uso indiscriminado de detergentes contamina a água, criando um problema ambiental. A pele de algumas pessoas tem forte reação dermatológica a detergentes. Mesmo com a tecnologia corrente, não seria difícil produzir um sistema de cartuchos para servir detergentes (Figura 11-8). Podemos comparar o uso ao de um videocassete, cheio de detergente líquido concentrado. Ele se encaixaria na máquina de lavar, como em uma abertura própria de um videoplayer. As características do produto e dosagem são lidas eletronicamente pela máquina de lavar e comparadas com os fatores pré-programados de identificação da água. Talvez alguns destes fatores possam ser determinados por meio de teclar o código postal na primeira vez de uso; depois não seria necessário teclá-lo novamente. A dosagem do produto é controlada pela máquina e o restante é monitorado. O cartucho é recarregável e retorna vazio ao varejista, para ser trocado por um cartucho cheio. Os cartuchos passam a ser um sistema de ciclo fechado de cartuchos recarregáveis (Figura 11-9).

Figura **11-8**

Conceito de um cartucho reutilizável para detergentes

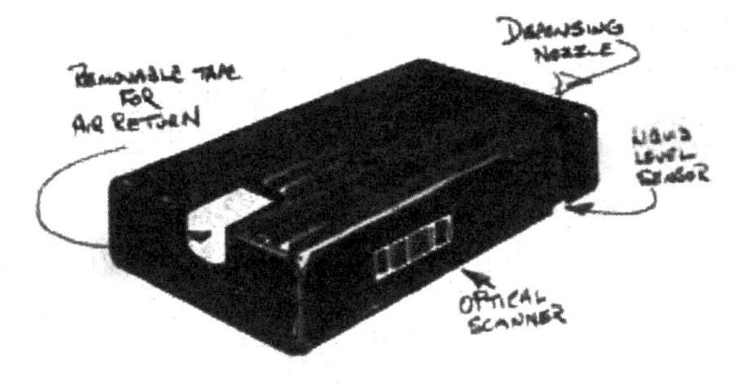

Fonte: Pira International Ltd

Figura **11-9**

Sistema de ciclo fechado de cartuchos recarregáveis

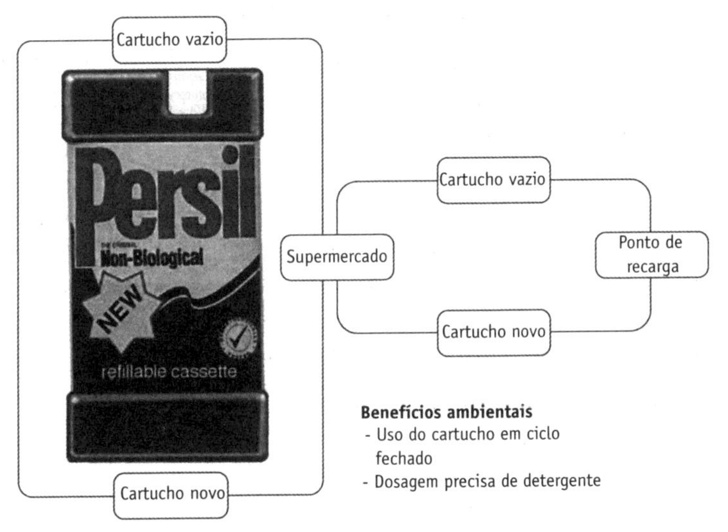

Fonte: Pira International Ltd

Para fazer este sistema funcionar, as máquinas de lavar devem ser redesenhadas ou adaptadas para receber o conceito do cartucho. Deve também ser revisto radicalmente o modo como os varejistas exibem seus produtos, permitindo ao consumidor escolher entre marcas. São grandes tarefas que devem considerar investimentos como esses. Deveremos pensar em linhas diferentes e fazê-lo de forma mais integrada e coordenada.

A definição da União Europeia de "reúso" no início deste item sugere que ela considera encher novamente contêineres para seu uso na intenção original. Uma visão mais abrangente de reúso pode considerar outras áreas, que então poderemos intitular "reúso do consumidor". Alguns formatos de embalagem podem ser reutilizados em novas formas. Em prateleiras e armários, vemos embalagens contendo itens que são muito diferentes de seu conteúdo original. Caixas de metal com tampas basculantes ou não, por exemplo, podem conter fotografias ou parafusos, talvez esquecidos ou ainda em uso após muitos anos como contêineres de armazenagem convenientes. A ingenuidade humana se apropriou de embalagens e adaptou a sua funcionalidade para milhares de propósitos. Tudo depende fortemente do fato das embalagens utilizarem materiais duráveis, em particular o metal, vidro e plásticos. Aqui as formas de embalagem foram reconhecidas como contêineres para a armazenagem ou usáveis para outras finalidades, por exemplo, um vidro de geleia agora utilizado para conter pincéis ou garrafas plásticas utilizadas como boias para pesca, sustentando redes ou como boias marcando locais de pesca. Em muitas instâncias simplesmente isso faz sentido do ponto de vista econômico. Para um pescador da costa, garrafas plásticas grátis são mais baratas do que boias prontas. Há uma ironia se o usuário que descarta garrafas plásticas também compra boias para pesca para decoração. As qualidades estéticas da embalagem também são valorizadas, como demonstrado por garrafas serem utilizadas como vasos, não por economia mas porque têm aspecto elegante. Isso é também verdade para outras formas de embalar, especialmente contêineres em chapa metálica, impressos usados por sua aparência e estética, frequentemente em estilo antigo.

Nestes exemplos não há um grande salto de imaginação na embalagem descartada até um objeto útil. Os valores estéticos, econômicos e funcionais são relativamente evidentes por meio de uma combinação de forma, configuração e materiais. Nós percebemos que um pote de vidro pode ser utilizado como um contêiner de armazenamento, e podemos conhecer outras pessoas que tenham feito o mesmo. A geração do "use o que tiver", batalhando economicamente durante e após a Segunda Guerra Mundial, provê uma base de conhecimento que pode ser utilizada até agora. Em um tempo de escassez, havia pouca escolha além de exercitar sua imaginação em reutilizar o que estava disponível; o mesmo acontece hoje em áreas pobres do mundo.

Há mais e elaborados usos de embalagem descartada que fazem pensar. Em frotas de pesca pelo mundo, garrafas plásticas com alças integradas são cortadas como elementos para baldear água. Elas são ideais para a tarefa, pois têm uma alça conveniente e são fabricadas em polietileno de baixa densidade, as garrafas cortadas produzem um elemento de baldear eficiente que é macio e não abrasivo. Se elas se perderem no mar, ninguém se preocupa; elas são de graça e fáceis de repor. Os mares do mundo estão sofrendo com lixo plástico, mas vamos deixar isso de lado neste momento.

Coloca-se uma questão. Poderia a embalagem ser desenhada de forma a incorporar um pós-uso claramente definido? Essa é uma área que está sendo investigada por Janet Shipton, professora titular e pesquisadora na Sheffield Hallam University. Por meio de métodos empíricos e atividade de design, seu estudo procura uma estrutura conceitual para entender o fenômeno do reúso espontâneo da embalagem. O objetivo de longo prazo é identificar estratégias que ajudem designers a criar embalagens que estimulem o público a reutilizá-las. O estudo examina como os usuários interagem, reapropriam, reúsam e descartam embalagens em seu ambiente doméstico. Consumidores e usuários de embalagem são envolvidos no processo da invenção e do design sem persuasão ou prêmios. A pesquisa examina como os consumidores decodificam os significados desenhados nos objetos de forma diferente e os reapropriam de modo a adequá-los a suas necessidades, quer oriundas de carência ou do divertimento. Ainda é muito cedo no programa de pesquisa para se tirar conclusões, mas um tema significante é que o material da embalagem pode afetar o potencial de reutilização. Também vemos diferenças entre tipos de consumidores e personalidades; suas motivação e aceitação de descarte e substituição variam de acordo com seus hábitos de consumo e de descarte individuais. O estudo fascinante de Shipton reconheceu a relação entre estética, função e sentimento como motivadora do processo de re-úso e continuará examinando-o além disso.

Também temos que determinar se remover a embalagem do fluxo de desperdício por meio da reutilização pelo consumidor promove um benefício ambiental. Será que é meramente uma forma de pospor o momento em que ela vire lixo? E quantos potes descartáveis ou contêineres de metal poderemos acumular assim antes que comecemos a consigná-los para a lata de lixo? Um sistema de reúso de ciclo fechado, que a legislação da União Europeia está definindo, permite múltiplas viagens antes que entrem para o fluxo do descarte. A razão ambiental para isso é primariamente salvar energia. Se uma garrafa sobrevive a dez ciclos de enchimento, a energia investida em uma garrafa salva a energia investida em outras nove. Essa simplificação grosseira ilustra o princípio, mas não leva em conta os diferentes investimentos em energia requeridos por um contêiner para uma viagem e os contêineres multiviagens. Se houver mesmo benefícios ambientais nesse modelo de reúso, certamente o reúso do consumidor pode também ser uma forma válida de salvar energia, mesmo que não reconhecida até agora. Até usar garrafas de polietileno como boias para pesca salva a energia da produção das alternativas próprias para isto. É necessária mais pesquisa neste âmbito.

Desenhando para reciclagem

O assunto reciclagem tem tido muita atenção da mídia, não importando se para automóveis, bens de linha branca, eletrônicos ou embalagem. Pode parecer que, se reciclarmos nosso papel e garrafas de vinho ou dirigirmos carros que possam ser desmontados e reciclados, então está tudo certo. Nada pode estar mais distante da verdade. Há uma tendência a se equalizar reciclagem com excelência ambiental, enquanto na realidade pode ser o fracasso ambiental. Isso nos desvia do fato mais grave de que, para fazer um progresso real em conservação do nosso meio ambiente, teremos que usar menos, o que significa menos energia, menos embalagem, menos viagens, menos produtos e, finalmente, menos escolhas. Ainda assim, as sociedades no mundo desenvolvido provavelmente pouco escolherão este padrão, nem as sociedades das nações emergentes, cujas populações e aspirações estão preparadas para assumir as do mundo desenvolvido. Realisticamente, devemos considerar reciclagem como um meio de limitar o dano ambiental, mesmo se reconhecermos, como deveríamos, que isso não o evitará. Embora o consumo sustentável permaneça em disputa com a direção atual da sociedade, a reciclagem é pelo menos uma medida prática que pode ser adotada. Além disso, é sujeita a uma legislação e por isso demanda nossa atenção.

O "The Packaging (Essencial Requirements) Regulations 2003" define reciclagem como "o reprocessamento em um processo de produção de materiais de descarte para o propósito original ou para outros propósitos incluindo reciclagem orgânica, excluindo, porém, recuperação de energia". Isto implica que designers podem considerar embalagens como sendo recicláveis se os materiais dessas embalagens descartáveis puderem ser processados em qualquer material útil, incluindo materiais de embalagem, ou se eles puderem ser compostos. As regras especificamente excluem aterros sanitários e recuperação de energia por meio de incineração como sendo opções de reciclagem. Observe-se que materiais recicláveis podem eventualmente entrar no fluxo de descarte e serão então submetidos às regras do descarte.

Uma das maiores dificuldades em qualquer programa de reciclagem é que os reciclados passam a ser *commodities* de mercado e por isso sujeitos à volatilidade de preços determinados pela oferta e procura. Se houver alguns poucos postos de distribuição de materiais recicláveis, haverá pouco apetite comercial para produzi-los. Há uma necessidade de se encorajar a demanda e encontrar um balanço com o fornecimento – uma tarefa difícil. A habilidade em recuperar embalagens para reciclagem oferece benefícios ambientais, salvando recursos naturais e estendendo a energia investida nos materiais originais da embalagem. Todos os estudos de embalagem devem considerar o uso de materiais reciclados como componentes das embalagens e a habilidade de a embalagem descartada ser reciclada com eficiência. Estes dois aspectos são distintamente diferentes. Se o uso de materiais reciclados for parte de nossas opções de design, haverá oportunidades e também restrições. Estas oportunidades e restrições são peculiares a cada classe de materiais; a seguir, alguns dos mais importantes:

Metais

Com aço e alumínio, a qualidade de materiais reciclados é comparável a material virgem. Por meio dos processos de fundição e refino, a maioria dos contaminantes é removida e as altas temperaturas asseguram a garantia da destruição dos organismos. É também relativamente fácil separar metal do fluxo do descarte, ajudando na pureza da alimentação do material. Apesar do alto índice de energia requerido para reciclar metal usado, os contêineres de metal são bastante valorizados pelo fato de que podem se submeter a repetidas reciclagens sem perdas das propriedades.

Papel e papelão

Em produtos baseados em papel, o comprimento das fibras de celulose é vital para as propriedades físicas como capacidade de dobra, resistência a rachaduras e resistência ao impacto. O papel descartado não pode ser reciclado indefinidamente, já que o comprimento das fibras simplesmente se reduz, a ponto de o papel não ter mais uma performance satisfatória. Sua vida útil pode ser prolongada adicionando-se material virgem para prover uma mistura de comprimentos de fibras ou combinando materiais reciclados e virgens em uma estrutura laminar. A indústria de papelão corrugado tem produzido miolos de teste por muitos anos, muito antes de a reciclagem ser uma prioridade. Os miolos são feitos de papel descartado e são utilizados normalmente com uma capa de craft virgem para obter uma resistência adicional. Papel reciclável e cartão podem conter contaminantes de tintas de impressão, adesivos, folhas de alumínio e laminados plásticos. Para muitas aplicações isto não importa, mas papel contendo contaminantes não é adequado para contato direto com produtos alimentícios.

Plásticos

De todas as opções de embalagem, o plástico oferece a mais ampla gama de materiais. Este tópico se atém apenas aos termoplásticos, não aos termoestáveis. Muitos contêineres consistem em uma complexa combinação de materiais, plásticos e não plásticos, conseguidos por coextrusão, laminação com camadas, pigmentos, lubrificantes e plastificantes. Fica difícil segregar o descarte pós-consumo em categorias compatíveis adequadas para o reprocessamento. Isto é particularmente evidente com embalagens flexíveis, em que sacolas, bolsas e envoltórios são praticamente impossíveis de segregar; em vez de serem recicláveis, elas são provavelmente incineradas para recuperar energia.

O uso de símbolos de identificação de polímeros na embalagem é uma tentativa de facilitar a segregação, mas esse também é um processo difícil e custoso. Alguns plásticos pós-consumo podem ser selecionados mecanicamente, mas a maioria é separada à mão. A reciclagem de plásticos enfrenta quatro problemas particulares.

- estabelecer uma fonte confiável de descarte pós-consumo, segregado por tipo de polímero;
- descontaminação do descarte;
- assegurar que o uso de descarte é adequado em termos de custo;
- estabelecer um mercado para embalagem de plástico reciclado.

Na tentativa de atender estes critérios, é provável que todo o descarte de plástico do consumidor será colocado em um receptáculo dedicado. O pouco peso do plástico passa agora a ser uma desvantagem, oferecendo transporte a granel com pouco conteúdo de reciclagem por peso. O descarte pode ser esmagado ou enfardado para aproveitar a razão ideal de peso-volume, mas isso ocasiona subsequente segregação e limpeza. É provável que plásticos misturados do fluxo de descarte doméstico serão ou incinerados ou processados para aplicações não críticas ou de embalagem como mourões de cerca, revestimentos de parede ou mobiliário externo.

Para designers considerando o uso de plásticos, há necessidade de se ter compreensão de que a reciclagem pode não ser uma opção viável. Isto não quer dizer que plásticos sejam automaticamente excluídos por razões ambientais, mas que uma consideração adequada seja dada ao produto e ao ciclo de vida da embalagem. Para encorajar e prover ótima chance para a reciclagem, o partido do design deve se referir aos pontos seguintes:

- usar um tipo de polímero e evitar estruturas multilaterais;
- limitar o uso de pigmentos e aditivos;
- identificar o polímero utilizando o símbolo aprovado;
- tornar os componentes não plásticos facilmente separáveis.

Vidro

Como com os metais, há pouca diferença entre material virgem e reciclado. A maioria dos vidros já contém uma porcentagem de material reciclado. Os vidros claros e transparentes são os que oferecem a maior seleção de opções para reciclagem; a introdução de cores pode significar que a reciclagem se torna difícil. A Grã-Bretanha é um importador de vinhos, a maioria dos quais utiliza vidro verde. Esse não é difícil de reciclar, mas vidro verde tem um mercado restrito. Há resistência no seu uso para geleias ou picles ou outros produtos em que a visão do produto é um importante fator na seleção do consumidor. Na Grã-Bretanha, os coletores para garrafas tiveram apoio do público, que os utiliza regularmente, enchendo-os principalmente com garrafas verdes e marrons. Contêineres menores fabricados com vidro branco são reciclados com menos entusiasmo, o que produz um certo desbalanceamento. A indústria do vidro tem respondido e ajuda a persuadir fabricantes de produtos a adotar o vidro colorido e menos popular.

Embalagens degradáveis

Há uma concepção equivocada de que a embalagem que se degrada por meio de processos naturais é um benefício ambiental. Isto somente é fato no caso de a degradação do material ser possível de ser controlada de modo que haja uma contribuição positiva. Papel e cartão, por exemplo, podem ser compostados para enriquecimento do solo. Onde os materiais biodegradáveis são enterrados em aterros sanitários, eles se degradam na ausência de oxigênio, produzindo metano, um poderoso gás do efeito-estufa. Por esta razão, materiais biodegradáveis, incluindo embalagens, são desviados de aterros sanitários para locais de compostagem para produzir materiais, como turfa e fertilizantes. Poucas municipalidades têm atualmente facilidades de compostagem, de forma que os materiais de embalagens domésticas biodegradáveis ainda são depositados em aterros sanitários. Neste caso, a embalagem é contraprodutiva.

Alguns filmes plásticos foram desenvolvidos baseados em cargas de amido e encontraram seu uso em sacolas biodegradáveis. Eles se baseiam em enzimas do solo que quebrem as moléculas do componente de amido, permitindo que o filme se rompa. Entretanto, há sérias dúvidas a respeito dos efeitos de longo prazo resultantes no solo do lixo plástico e da possível contaminação dos mananciais de água. O pensamento atual não considera que estes materiais ofereçam vantagens ambientais, mas que representam riscos ambientais. Materiais baseados em plásticos similares são fotodegradáveis, requerendo que luz ultravioleta cause a degradação. Mais uma vez, quando estes materiais entram no fluxo de descarte doméstico, há dúvidas se haverá luz ultravioleta disponível em primeiro lugar e algum risco tóxico com os materiais enzimodegradáveis.

Alguns mercados começaram a embalar frutas e vegetais utilizando bandejas baseadas em amidos biodegradáveis derivados de amidos de batata e trigo. Elas também devem ser segregadas dos aterros sanitários, por causa da produção de metano quando o oxigênio é excluído. Adicionalmente, alguns materiais dessas bandejas são derivados de batatas geneticamente modificadas, levando a uma nova dimensão de preocupação ambiental. Mesmo que materiais degradáveis especiais desenvolvidos possam oferecer benefícios ambientais, na prática seu uso é limitado. Papel e cartão oferecem maiores benefícios por meio da reciclagem do que por meio da degradação.

Análise do ciclo de vida e avaliação

ACV representa a análise do ciclo de vida e avaliação do ciclo de vida (LCA – *Life Cicle Analysis/ Life Cicle Assessment*). A análise se preocupa principalmente com a coleta de dados, enquanto a avaliação considera o impacto destes dados no meio ambiente. Balanço ecológico, análise de recursos, análise de impacto ambiental e análise do berço ao término são outros termos que descrevem mais ou menos a mesma coisa. Independentemente da terminologia, o papel da ACV é claro – quantificar e estabelecer o impacto no ambiente de um processo, produto ou, neste caso, uma embalagem. Isto cobre o ciclo de vida total da embalagem desde a matéria-prima, conversão, produção, transporte, distribuição, uso, reciclagem ou reúso até o descarte final – do berço ao término (Figura 11-10). Aqui estão alguns dos itens requeridos em cada fase e para avaliação subsequente:

- consumo de matérias-primas: fontes finitas e renováveis;
- uso de energia: fontes finitas e renováveis;
- emissões no meio ambiente: poluição do ar, água e solo, toxinas, acidificação, danos à camada de ozônio, aumento do excesso de sulfatos e nitratos no solo, radioatividade;
- degradação ambiental: destruição de ecossistemas, impactos nos hábitats humano, animal e vegetal;
- lixo gerado: descarte, reúso, reciclo, incineração e aterro sanitário.

Figura **11-10**
Ciclo de vida de embalagem do berço ao término

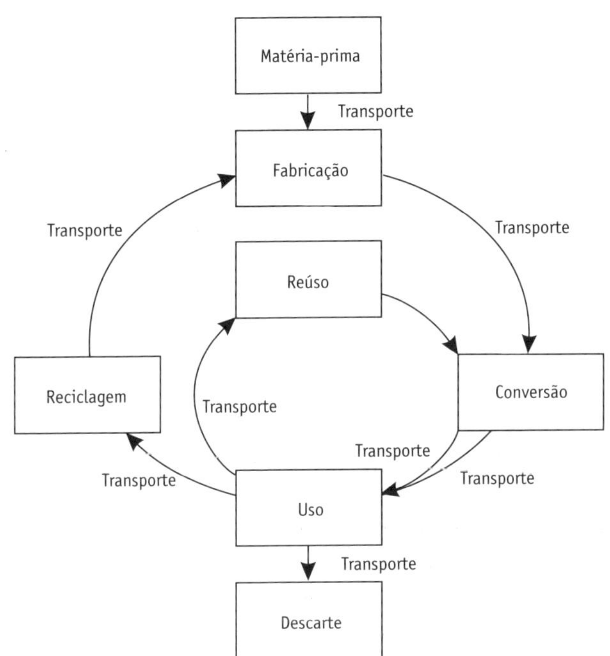

Fonte: Pira International Ltd

Na prática, a ACV está carregada de problemas. Embora dados acurados possam ser obtidos, a avaliação ou análise é mais subjetiva. Por exemplo, à primeira vista pode parecer que uma fonte de energia hidroelétrica para processar um material é ambientalmente superior à energia obtida por meio de termoelétricas movidas a óleo. Porém, pode-se argumentar que há vastas extensões de terra que foram deliberadamente inundadas para construir as hidroelétricas, danos ambientais que resultaram da perda de hábitat natural e do desvio de cursos d'água. Avaliar o nível de critérios é difícil, mesmo que a informação possa ser obtida em primeiro lugar.

É útil considerar os ciclos de vida da embalagem em termos de *inputs* (insumos) e de *outputs* (produção): os *inputs* são a energia e matérias-primas, e os *outputs* são emissões, desperdício de energia e impactos ao hábitat. O jeito mais simples de fazer isso é desenhar um diagrama como a Figura 11-11. Este tipo de diagrama pode ser utilizado como base para comparação de formas de embalagem. Os fatores indicados são mensuráveis, ou acessados no caso de efeitos ao hábitat, e pesados de acordo com as prioridades. Suponha que as emissões na atmosfera são um problema primeiro, então o peso dado deverá refletir isso. Para seguir o ciclo de vida de uma embalagem, os níveis de avaliação devem ser repetidos em cada fase da produção de matérias-primas até o seu descarte final. Para permitir comparações, os parâmetros devem ser harmonizados.

Figura **11-11**
Inputs e *outputs* (entradas e saídas)

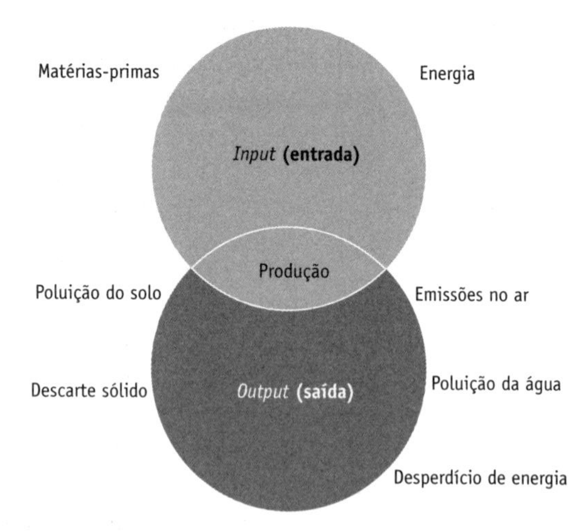

Fonte: Pira International Ltd

Na embalagem A, podemos entender que um ferramental complexo deve ser providenciado, enquanto a embalagem B utiliza um processo *inline* que requer muito pouco ferramental. Incluímos o ferramental como parte do estudo, apesar de ele ter ciclo de vida do berço ao término? Similarmente com o transporte: podemos acuradamente avaliar a energia de combustíveis, mas devemos incluir o consumo dos pneus, as peças de reposição e o valor da energia inicial no veículo?

Os parâmetros ACV devem ser escolhidos de forma que as comparações tenham significado. Há organizações comerciais que se especializaram em ACV e desenvolveram software com estes cálculos. A Consultoria PRE, baseada na Holanda, é um destes grupos. Eles oferecem software que inclui diversos métodos de avaliação de impacto utilizando dados predeterminados para uma série de materiais e processos padrão.

Há duas áreas de embalagem onde ACV é usado frequentemente, seleção de materiais de embalagem e sistemas:

- Seleção de material para embalagem: é preferível ambientalmente usar um saco de papel em vez de um saco de polietileno para uma aplicação particular?

- Sistemas: é ambientalmente beneficente utilizar um contêiner pesado retornável em vez de um leve e de uma viagem só?

O ACV certamente pode prover orientação neste tipo de questão. Esta orientação é útil, mas há uma outra área, específica da embalagem, que frequentemente é desdenhada. ACV promove uma crítica à performance da embalagem que indica apenas a extensão do impacto ambiental negativo. Em outras palavras, toda a embalagem é ambientalmente antagonista, é apenas uma questão do quanto. Não há efeitos ambientais positivos na ACV.

Agora considere a embalagem e o produto juntos e tente balancear a perda potencial de recursos proposta pela embalagem. A Figura 11-12 ilustra o princípio. Os números do ACV são obtidos para o produto e embalagem utilizando a mesma metodologia. Assegurando que a embalagem cumpre sua atividade primária de proteger o produto por todo o seu ciclo de vida, o custo ambiental do produto é protegido pelo custo ambiental da embalagem. Do mesmo modo como fazemos julgamentos financeiros sobre a embalagem exprimindo custo da embalagem como uma porcentagem do custo do produto, podemos agora empregar o mesmo sistema para fazer julgamentos ambientais. Um refrigerador doméstico, por exemplo, envolve um considerável *input* de energia e de materiais durante a produção além da energia despendida no transporte durante a distribuição. A embalagem que o protege tem também uma impressão digital ambiental, mesmo que menor. A reposição de um refrigerador danificado em trânsito envolve não apenas a duplicação do *input* de todas as energias (e *outputs* de produção), mas também o peso ambiental do descarte.

Figura **11-12**

X% de investimento em embalagem salva (100 –X) % de investimento em produto

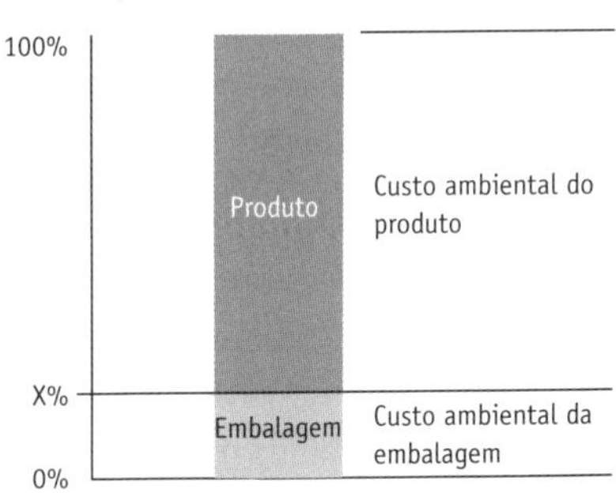

Fonte: Pira International Ltd

Este conceito é um desafio quando introduz novos elementos à avaliação ambiental tradicional, incluindo talvez os benefícios que os produtos conferem a nossas vidas. O refrigerador pode conservar alimentos que poderiam de outra forma ser descartados ou, se fosse usado em um contexto médico para conter soro, poderia salvar vidas. Da mesma forma, a embalagem de alimentos preserva seu conteúdo e, se funcionar corretamente, reduz a necessidade do peso ambiental do descarte e da reposição.

O ACV ainda está em desenvolvimento e tem um papel importante à medida que aumentamos nosso conhecimento sobre como a embalagem afeta nosso meio ambiente. O

Comitê da Câmara dos Comuns sobre o Meio Ambiente, Transporte e Assuntos Regionais (9 de junho de 1999) considerou o ACV (LCA) como os consultores e representantes da Sainsbury's. O comitê considerou que o ACV era: "uma ferramenta muito incômoda, consumidora de tempo e cara para a tomada de decisões. No seu retrospecto [referindo-se a um estudo sobre embalagens de leite] as recomendações finais poderiam ser identificadas – em termos grosseiros – de uma análise do sumário dos dados como disponível no início do projeto".

Eles concluíram que: "a análise do ciclo de vida deve ser usada com uma compreensão de que é apenas um meio para uma finalidade: esta finalidade é a identificação das prioridades para ação em direção a padrões mais sustentáveis de consumo. Assim sendo, é apropriado se utilizar versões simplificadas do procedimento para produtos em que a característica ambiental ou suas implicações são claras e definidas".

Mesmo em uma forma crua, ACV pode revelar aperfeiçoamentos em design de embalagem que melhorem seu impacto ambiental. A lição verdadeira é que menos é igual a mais, aqui menos produto e menos embalagem se igualam a ganho ambiental. Se a sociedade está preparada para isso, ainda se está por ver.

Legislação

Os anos 1980 proclamaram um período de crescimento sem precedentes na Europa, um período de consumo notável e um tempo no qual se estabeleceu uma reação ambiental à sociedade de consumo. A Alemanha, à época terceira colocada na liga das nações de sucesso econômico, logo após os EUA e o Japão, via as opiniões ambientais mais fortes sendo expressas pelo Partido Verde. Eles se tornaram rapidamente um forte força política, movendo-se dos arredores do ativismo ambiental para a política central. Foi pouco surpreendente, então, que a Alemanha se tornasse a pioneira europeia na legislação de embalagem.

A Comunidade Europeia, tanto na época como agora, representava uma mistura de culturas, atitudes e constituições políticas, todas evoluindo a passos e em níveis diferentes. Dentro de cada Estado-membro, a preocupação com o meio ambiente se referia a diferentes prioridades, uma situação ainda presente em nossos dias, na medida em que a Comunidade está expandindo ainda mais. Essa diversidade cultural é uma fonte de grande força, mas tem seus problemas quando adota uma política comum para todos os países.

A maioria dos governos fica feliz em estar ao sol da aura verde da preocupação ambiental, mas menos confortáveis no foco claro de alocar recursos. Portanto, há disparidade entre as atividades dos Estados-membros, variando de zelo a zero em atividades ambientais. Isso, entretanto, estava por mudar com a introdução da Diretiva 94/62/EC, de 20 de dezembro de 1994, sobre embalagem e descarte de embalagem (*Official Journal* L365.31/12/1994), que conclamou todos os membros à ação. A Diretiva do Conselho 94/62/EC foi promulgada com o objetivo de: "harmonizar medidas nacionais concernentes à gestão de embalagens e de descarte de embalagens, a fim de prover um alto nível de proteção ambiental e assegurar o funcionamento do mercado interno".

A diretiva se refere a:

- prevenção de descarte de embalagens (redução de peso, redução e/ou eliminação de produtos usados, reconhecidos como nocivos, tóxicos e/ou nocivos);
- promoção de reúso e/ou eliminação de embalagem e recuperação e reciclagem de materiais;
- o uso dos melhores procedimentos, se os dois pontos não forem aplicáveis; a recuperação da energia de materiais de embalagem é considerada um meio efetivo de recuperação de energia descartada.

A diretiva cobria todo o descarte de embalagem – industrial, comercial e doméstico – instruindo os Estados a tomar medidas para prevenir descarte e encorajar o reúso da embalagem. Metas foram estabelecidas para o retorno e/ou coleta de embalagens usadas e cada Estado-membro tinha que estabelecer uma base de dados para monitorar sua implementação. A diretiva tinha que ser transformada em lei até 30 de junho de 1996, mas muitos países, incluída a Grã-Bretanha, tinham pouco apetite para tanto e brecaram sua implementação.

Em março de 1997 a Grã-Bretanha introduziu o Producer Responsibility Obligations (Packaging Waste) Regulations 1997 (Regras de Obrigações de Responsabilidade do Produtor), após um lento e turbulento discurso para a indústria da embalagem. Com um repertório extraordinariamente pobre e devendo uma infraestrutura coordenada para o resgate do descarte, a Grã-Bretanha lutou por esta legislação. Neste meio tempo, a Comunidade Europeia revisou suas metas para cima. Antes de considerarmos o último estágio e os termos que o cercam, devemos abordar como a experiência alemã influenciou a legislação. Isso indica uma diferença em prioridades ambientais entre os dois países.

A Ordem Alemã para Embalagem foi introduzida em um programa de etapas, cobrindo o programa de transporte de embalagem em 1991, embalagem secundária em 1992 e venda de embalagens em 1993. O mote principal era 'o poluidor paga', uma frase que tem grande ressonância hoje por toda a Europa e além dela. O objetivo da legislação era o de estabelecer um sistema de ciclo fechado, onde a embalagem era ou reusada ou reciclada. Nem o aterro sanitário nem incineração eram opções permitidas. Fabricantes e distribuidores eram responsáveis pela recuperação, reúso ou reciclagem de toda a embalagem. Para a embalagem de venda, os consumidores têm o direito de devolver a embalagem ao varejista ou descartá-la no ponto de venda, a responsabilidade pelo descarte fica com o varejista, e o varejista pode fazer isso pelo reúso, reciclagem ou retorno ao fornecedor.

Esse foi um movimento visionário e arrojado. O regulamento foi adiante especificando que a embalagem deve ter o peso mínimo para proteger o produto e ser construída de materiais compatíveis com o meio ambiente. Para tornar o sistema funcional, fabricantes e distribuidores podem contratar fora, terceirizando suas obrigações. Para a embalagem secundária ou de transporte, isso foi razoavelmente fácil de realizar. Para embalagem de vendas e de varejo é mais complexo. O Duales System Deutchland (DSD), [algo como Sistema Dual da Alemanha N.T.] foi estabelecido como uma empresa privada com a responsabilidade de coletar, selecionar e passar adiante a embalagem doméstica descartada, para reciclagem. Sua estratégia foi licenciar o uso de um símbolo, o Grüne Punkt (Ponto Verde), impresso em todas as embalagens para reciclagem. Os embaladores tinham de negociar com seus fornecedores uma garantia de reciclagem e estabelecer um acordo com o DSD para o uso do Ponto Verde e a definição das taxas aplicáveis para cobrir a coleta e a seleção. O DSD opera uma escala de taxas relacionadas aos tipos de material e pesos de embalagens. No outro extremo da cadeia de suprimento, consumidores podem ainda descartar embalagens no ponto de venda ou, mais prático, usar as caçambas segregadas por tipo de material especificamente para embalagens que tenham a marca do Ponto Verde.

A reação de outros membros da Comunidade Europeia foi inicialmente hostil, já que isso foi percebido como uma barreira ao comércio no mercado interno. Produtos exportados para a Alemanha eram sujeitos às mesmas regras e havia medo de que a embalagem descartada teria que ser retornada ao país de origem. Uma preocupação adicional era a necessidade de embalar certos produtos especialmente para o mercado alemão. A pasta de dentes foi um exemplo inicial em que logo ficou evidente que a reciclagem do cartão externo custaria dinheiro aos proprietários das marcas. O cartão foi removido para o mercado alemão, porém foi retido para os outros Estados-membros. Embalagens que não tenham o símbolo não são responsabilidade do DSD e empresas que não estejam neste esquema têm que providenciar seus próprios meios para coleta e descarte. Consequentemente, a maioria das empresas opta por seguir o caminho do DSD.

Este exemplo aponta para o sucesso do programa em reduzir níveis de embalagem e deve ser seguido na Grã-Bretanha pela legislação local. Houve falhas também com escândalos concernentes à exportação de descartes com objetivo de contornar a lei. Desde 1996, a lei tem sido revista, em harmonia com a legislação da Comunidade Europeia. Incineração de lixo, por exemplo, agora é aceitável! Hoje, muitos países, além da Alemanha, adotaram o símbolo do Ponto Verde em embalagens de venda dentro de seu próprio território, e ele é interpretado pelos consumidores como um símbolo europeu *standard* de recicláveis, mesmo não o sendo. De qualquer forma, o ordenamento alemão claramente determinou o tom da legislação ambiental europeia.

Retornando à posição da Grã-Bretanha, o Producer Responsibility Obligations (Packaging Waste) Regulations 1997 foi emendado por subsequentes instrumentos estabelecidos por estatutos, o Statutory Instrument 1999 Nº 3447 (SI), que entrou em vigor em 14 de dezembro de 1999 e em parte (Regulation 3) em 1º de março de 2000. Este introduziu menores, porém significativas mudanças, dentre as quais as porcentagens para segmentos diferentes de fabricação. Uma série de instrumentos estatutários de proteção ambiental se seguiu em 2002, aumentando as quantidades-meta para recuperação e reciclagem de descartes de embalagem. São leis nacionais que se referem à Inglaterra e aos governos da Escócia, Gales e Irlanda do Norte. O SI relevante para a Inglaterra é o Statutory Instrument 2002 Nº 723. Outros SIs para cada território da Grã-Bretanha têm o mesmo conteúdo.

Como funciona então? As regras são complexas e necessitam ser consultadas para um retrato compreensível, mas aqui está um esboço dos princípios. As leis afetam todos os negócios na Grã-Bretanha que produzem, enchem ou vendem embalagem ou materiais de embalagem além de 50 toneladas por ano e que tenham um faturamento maior que 2 milhões de libras. O governo determinou metas revistas para recuperação e reciclagem:

- a meta para recuperação de 2001 em diante é de 59%;
- a meta para reciclagem de 2001 em diante é de 19%.

A legislação é focada em dividir a responsabilidade da gestão do descarte por toda a cadeia de suprimento estipulando uma percentagem para cada área da atividade. Isso é conhecido como o compartilhamento da função e é demonstrado na Figura 11-13.

Figura **11-13**
Fatia de função

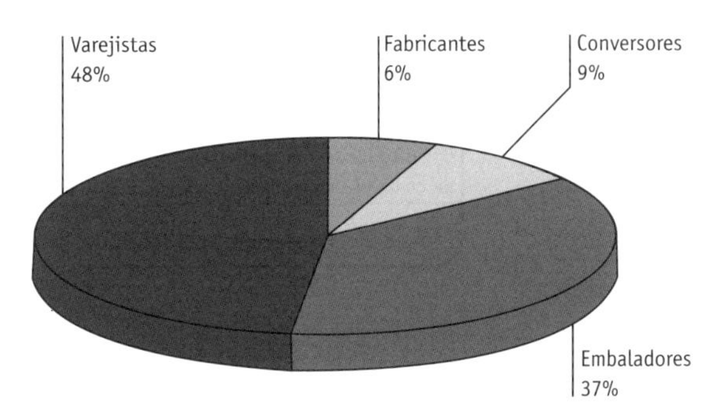

Fonte: Pira International Ltd

Para calcular as obrigações individuais de cada empresa, o peso da embalagem manipulado em um ano é multiplicado pela cota da função e a meta de recuperação ou reciclagem em uso no momento. Embora isso possa parecer objetivo, há complicações em decidir qual classificação atende a cada negócio, e sua cota de função; alguns negócios têm mais de uma. Aqui, as classificações:

- Produtor: o indivíduo que produz matérias-primas para embalagem.
- Conversor: o indivíduo que usa ou modifica materiais para embalagem na produção de embalagem.
- Embalador: o indivíduo que coloca as mercadorias na embalagem.
- Vendedor: o indivíduo que fornece a embalagem a um usuário ou a um consumidor daquela embalagem se o enchimento tiver sido feito ou não.
- Importador: o indivíduo que importa embalagem ou material de embalagem na Grã-Bretanha.

Para calcular as obrigações por recuperação e reciclagem, siga os seguintes passos:

1. Estabeleça o total de embalagem manipulada no ano prévio por tipo de material (plástico, vidro, aço, alumínio e papel).
2. Estabeleça a tonelagem na qual cada função é executada, incluindo importação direta e entregas a usuários finais, excluindo descarte de processo, embalagem de exportação e reúso de embalagem.

3. Calcule as obrigações de recuperação por atividade de setor por toda embalagem manipulada: peso x cota de função x meta de recuperação.
4. Calcule as obrigações de reciclagem para cada material manipulado: peso x cota de função x meta de reciclagem.

Tabela **11-1**
Compromisso de recuperação

Compromisso de recuperação	**Toneladas**
Como conversor de papelão para embalagens 10.000 t de papelão x 9% de compartilhamento de atividade x 59% de meta de recuperação =	531,0
Como importador de papelão, o compromisso do produtor de matérias-primas deve ser atingir 8.000 t de papelão importado x 6% de compartilhamento de atividade x 59% de meta de recuperação =	283,2
Como embalador para filme encolhível 200 t de filme x 37% de compartilhamento de atividade x 59% de meta de recuperação =	43,7
Como vendedor/varejista para filme encolhível 200 t de filme x 48% de compartilhamento de atividade x 59% de meta de recuperação =	56,6
Compromisso de recuperação total	**914,5**

Fonte: Pira International Ltd

Tabela **11-2**
Compromisso de recuperação para papelão e plástico

Reciclagem (por tipo de material)	**Toneladas**
Como conversor de papelão para embalagens 10.000 t de papelão x 9% de compartilhamento de atividade x 19% de meta de recuperação =	171,0
Como importador de papelão, o compromisso da empresa deve ser atingir 8.000 t de papelão x 6% de compartilhamento de atividade x 19% de meta de recuperação =	91,2
Compromisso de recuperação total para papelão	**262,2**
Como embalador para filme encolhível 200 t de filme x 37% de compartilhamento de atividade x 19% de meta de recuperação =	14,1
Como vendedor/varejista para filme encolhível 200 t de filme x 48% de compartilhamento de atividade x 19% de meta de recuperação =	18,2
Compromisso de recuperação total para plástico	**32,3**

Fonte: Pira International Ltd

Exemplo

Uma empresa produz embalagem de cartão impresso, vendidas inteiramente no mercado doméstico, produzindo 10.000 toneladas de descarte líquido. Para isso importa 8.000 toneladas de papelão. A embalagem é com filme encolhível, do qual são utilizadas 200 toneladas por ano. O ano é 2003. A empresa, pela legislação, atua como um importador de papelão e deve se responsabilizar pelas obrigações do produtor de matéria-prima que importa. Sua principal atividade é a conversão de papelão em embalagem de cartão, desta forma é suposto ser um conversor. Como as embalagens impressas de cartão são recobertas com filme encolhível para despacho, a empresa também atua como embalador e como vendedor, já que o filme é também enviado aos seus clientes.

A empresa necessita atender as obrigações de reciclagem no papelão e no plástico. Este é um exemplo simples; em estruturas complexas de empresas, os problemas são ampliados. A legislação permite às empresas entrar em acordos com organizações que assumam a responsabilidade de atender as obrigações legais. O esquema mais popular de conformidade na Grã-Bretanha é administrado pela Valpak.

Um curioso resultado da legislação é que empresas começaram a negociar as Notas de Recuperação de Embalagens (Packaging Recovery Notes – PRN). As PRNs são certificados de embalagens recuperadas e podem ser comprados e vendidos entre empresas como prova de atender a obrigações legais. Como os intervalos de tempo para se submeter à performance foram estipulados em anos, há um comércio especulativo de PRNs, com antecipações de altas ou quedas – um mercado futuro de PRNs. A experiência da Grã-Bretanha sugere que este sistema desvia a atenção do objetivo ambiental maior e permite às empresas escapulir de suas responsabilidades. A legislação tem seu papel, mas a não ser que a sociedade como um todo comece a expressar sua preocupação real com os aspectos ambientais, é pouco provável termos um progresso real.

Comunicação do consumidor

Há uma evidência forte de que a população quer produtos e serviço sustentáveis, mas não está preparada para fazer mudanças significativas em seus estilos de vida. Mudar atitudes toma tempo – considerando-se a campanha na Grã-Bretanha do beber-não dirigir. No ambiente de varejo devemos estar conscientes de que:

- as pessoas necessitam se engajar nesses assuntos sem inconveniência;
- as pessoas necessitam ver os resultados de seus esforços;
- as pessoas desconfiam de motivos lucrativos;
- as pessoas ainda querem exercer a escolha.

O motivo lucrativo é importante. Em campanha varejista recente para prover as escolas com computadores, vimos publicamente a expressão de preocupação de que a provisão, de forma certa ou errada, é excedida pelo lucro. É preciso ter transparência em qualquer programa ambiental que aconteça ao nível do consumidor. Os ganhos ambientais obtidos por varejistas logo abaixo na cadeia de suprimento por meio de economia de combustíveis ou por uso de veículos de forma mais eficiente, aumentando o seu lucro, podem ser percebidos pelos consumidores como justos. As economias podem ou não ser refletidas pelos preços na loja. Mas quando a ação ambiental é na interface do consumidor, a percepção do consumidor muda. Ação ambiental para o consumidor requer alguma forma de retorno positivo, já que o comprador não quer contribuir para o lucro do varejista ou de outro não definido por meio de seus esforços pessoais. Os benefícios devem ser claros e preferencialmente locais, quando estiverem beneficiando visivelmente o ambiente ou ajudando a comunidade, escolas ou hospitais.

Pressão financeira, legislativa, corporativa ou moral vai nos forçar a aumentar a atividade ambiental. Não há dúvida de que por volta de 2010 os requisitos ambientais estarão embutidos em todas as operações de produção e de varejo. Por meio do uso estratégico de design inovador, especialmente design de embalagem, será possível aos varejistas se tornarem ambientalmente proativos em uma atitude positiva. Os varejistas necessitam fazê-lo mas de forma a:

- encorajar a lealdade do cliente;
- enriquecer a experiência de venda;
- engajar os consumidores em uma cultura de responsabilidade ambiental;
- manter a escolha;
- manter a lucratividade.

Isto irá requerer uma mudança na forma como pensamos a respeito do design de embalagem e em nosso conceito do ambiente de varejo.

De acordo com uma pesquisa recente feita pela Agência do Meio Ambiente da Inglaterra e de Gales, 9 entre 10 respostas indicam um desejo de separar seu lixo doméstico para reciclagem se as autoridades municipais proverem os contêineres. Isso confirma outros dados sugerindo que há um forte interesse ou necessidade moral para os consumidores estarem envolvidos em atividades ambientais. A pesquisa também revelou uma relutância em reduzir o consumo de produtos "super" embalados, sugerindo que as pessoas podem aprovar o salvamento do planeta, mas não estão preparadas para alterar seus estilos de vida para fazê-lo. Como primeiro passo, as municipalidades devem prover uma infraestrutura que engaje os cidadãos a cuidar do meio ambiente. Isso não apenas no que diz respeito à reciclagem, mas também quanto a alterar a percepção cultural de nosso ambiente.

Para encorajar o engajamento do consumidor, os varejistas necessitam mostrar a seus clientes os resultados de seus esforços pessoais. A maioria dos supermercados tem no momento uma área de reciclagem nos fundos de seu estacionamento. Nós não entendemos plenamente o que acontece com nosso vidro descartado, além da presunção que ele é reciclado. Mas suponhamos que a área tivesse que ser revestida novamente, com material utilizado de garrafas recicladas, aí começaríamos a ver uma ligação entre reciclagem e o ambiente.

O professor Jim Roddis e sua equipe na Sheffield Hallam University desenvolveram um material para pisos de nome TTURA (Figura 11-14). Contém até 85% de vidro reciclado, incluindo tipos que são difíceis de reciclar, como os vidros coloridos para os quais não há mercado, para-brisas de carros e vidro espelhado. O vidro é mecanicamente granulado e misturado com uma resina à base de água, resultando em um material que pode ser aplicado sobre um plano ou fundido. A aparência é similar a um *terrazzo* e excedeu as expectativas quanto à resistência e durabilidade tanto em ambientes internos como externos.

Figura 11-14
Material para pisos TTURA feito de vidro reciclado

TTURA contém até 80% de vidro reciclado, incluindo vidro que é difícil de reciclar. O piso mostrado neste café é aplicado como massa nivelada. Para incentivar o consumidor a se engajar com questões ambientais, os varejistas têm que demonstrar os resultados de seus esforços pessoais. Utilizando este tipo de material, promove-se uma ligação direta entre a reciclagem por parte dos consumidores e as ações ambientais dos varejistas.

TTURA se utiliza de vidro reciclado granulado mecanicamente misturado a uma resina à base de água e um agente corante. O material pode ser aplicado como massa nivelada ou em placas fundidas e consegue um aspecto tipo "terrazzo" com um acabamento durável para interiores e exteriores.

Fonte: Sheffield Hallam University

O artigo de McKinsey "Retenção do cliente não é o suficiente" (Coyles and Gokey 2002) classifica os clientes utilizando três atitudes básicas:

- emotivos;
- inerciais;
- deliberados.

Clientes emotivos são os mais leais. Eles raramente reavaliam as compras e benefícios intangíveis são importantes para eles – o fator "se sentir bem". Clientes inerciais são menos envolvidos com suas compras, mas podem migrar para outras lojas. Deliberadores, na sua maioria, são analíticos e conscientes dos preços. O piso de vidro reciclado não é uma panaceia, tendo apelo a todas as três categorias, mas ele começa a ilustrar como a lealdade do cliente e o engajamento do consumidor podem ser ligados a um comportamento ambiental. Isso pode ser emotivo – pode ilustrar o compromisso da empresa com fatores éticos. Pode ter um papel na estratégia global da atividade da empresa, particularmente engendrando um fator "se sentir bem" e manter com isso a lealdade à marca.

Outras ações podem envolver o uso de mobiliário urbano ou elementos na loja feitos de material reciclado. A Federação Britânica de Plásticos está desenvolvendo produtos fabricados de plásticos reciclados utilizados atualmente de madeira, como assentos para uso externo, cercas e painéis. Se os designers utilizarem materiais reciclados para criar objetos de real mérito, e se consumidores puderem experimentar esses objetos e ver como eles vêm da reciclagem, haverá maiores graus de engajamento.

Mesmo que aumentem o grau de engajamento, essas ações sozinhas dificilmente atrairão uma nova base de consumidores. Thomas Bergmark é o porta-voz para assuntos sociais e ambientais da Ikea, grande rede de lojas de mobiliário e interiores. Quando perguntado se o trabalho social e ambiental ativo é bom ou ruim para os negócios, respondeu: "Eu penso que é bom e acredito que devemos e podemos fazer bons negócios sendo um bom negócio". Para conseguir ou encorajar uma cultura de responsabilidade ambiental do consumidor, podemos também questionar o papel do design de embalagem neste processo. É provável que uma iniciativa integrada seja necessária, envolvendo designers, arquitetos, autoridades locais, varejistas e a comunidade.

12

embalagem e materiais **inteligentes**

Introdução

Com a chegada do código de barras, que agora temos como natural, foi alterado profundamente o modo como compramos e os sistemas que suportam o fornecimento de bens pela cadeia de distribuição. Para compradores, os códigos de barra representam menos demora nos *checkouts*, embora nos horários de pico possa não parecer. Para fabricantes e varejistas, facilitam a identificação do produto e o controle de estoque na distribuição, dos paletes até as unidades embaladas. O escaneamento ótico por *laser* nos *checkouts* dos supermercados resgata dados como:

- preço por unidade;
- dados do fabricante ou fornecedor;
- reposição automática de estoque;
- correlação do cliente com os cartões de fidelidade da loja;
- contabilidade automática e dados de vendas.

É realmente um sistema útil e que automatizou tarefas em todos os níveis da manipulação e da distribuição. Mas tecnologias emergentes estão agora pesando para criar outra revolução nos benefícios nas cadeias de fornecimento e consumo. No final do espectro do consumidor, veremos novos materiais radicais que combinam eletrônica e embalagem que proverão *displays* de áudio e vídeo. Materiais modificados também estarão disponíveis com novas propriedades, como o papel transparente e à prova d'água. Nossos carrinhos serão escaneados automaticamente em uma passada, permitindo que paguemos inserindo nosso cartão da loja em um terminal ou debitando diretamente em nossa conta. E isso não para aqui. A geração futura de embalagens inteligentes será capaz de se comunicar com equipamentos de cozinha, permitindo a uma refeição pronta especificar ao micro-ondas suas instruções de cozimento ótimo diretamente. Estes desenvolvimentos certamente devem deliciar alguns e aterrorizar outros.

Muitos dos benefícios devem aumentar mais abaixo na cadeia de fornecimento, na identificação de produtos embalados. A ciência e a tecnologia estão em rápida expansão, mas em vez de responder a necessidades claras do consumidor, elas estão perseguindo os desenvolvimentos de materiais e processos. Nós brevemente estaremos produzindo embalagens que falarão conosco, mas não está claro se isso terá um mercado. A direção que isso toma pode nos surpreender a todos, como aconteceu em outros avanços tecnológicos. Quem poderia supor que as mensagens de texto, um meio lento e anárquico, se provaria tão popular com um sistema desenhado originalmente para o mais simples contato de voz um a um? A resposta pode bem estar com a natureza pessoal do texto. Está em linha com a sugestão de John Grant de que o novo marketing será "próximo e pessoal" (Grant, 1999). Com telefones celulares, o texto e os toques personalizados indicam o poder deste argumento. Videoclipes personalizados para acompanhar os toques personalizados estão em desenvolvimento para a nova geração de telefones celulares, aumentando a customização das comunicações pessoais. Na esfera do consumidor, as aplicações na embalagem para tecnologias novas e em habilitação precisam provar ser mais significativas em sua habilidade de ser pessoal. Para alcançar isso, os avanços técnicos devem se alinhar com nossos estilos de vida em mutação, a fim de promover benefícios pessoais, alguns sérios e outros somente pelo prazer. A Tabela 12-1 mostra algumas das mudanças nos estilos de vida que podem impulsionar o mercado para embalagens inteligentes.

Tabela **12-1**

Materiais de embalagem de consumo

Motivadores do mercado	**Significância**	**Área de resposta tecnológica**	
Perfil de idade	Aumento atendimento em casa	Monitoramento	Saúde, dieta, exercício
		Apontamento	Regime c/medicamento
	Problemas de mobilidade	Compra	Entrega em casa
		Segurança	Abertura e fechamento
	Deterioramento da visão	Informação	Embalagens/áudio
	Solteiros ativos	Conveniência	Cozimento fácil
Pais solteiros	Trabalho e cuidados em casa	Necessidades sociais	Comunicação e reunião
		Adequado a crianças	Cozimento seguro
		Informação	Dietas e alergias
		Segurança	Indicadores de validade
	Falta de tempo	Organização	Ordem automática

Fonte: Pira International Ltd

Em outra parte deste livro, enfatizamos a necessidade do design inclusivo. Embora designers possam dirigir respostas tecnológicas específicas a mercados particulares, eles precisam estar atentos a que benefícios a um setor da sociedade devem ser benéficos a todos e que nenhum setor deve ser estigmatizado. A Tabela 12-1 é uma visão superficial de apenas duas tendências significativas, mas tentamos indicar como mercados e mudança de estilos de vida podem ser aplicados usando novas tecnologias. O perfil de envelhecimento se refere ao aumento da previsão de população de terceira idade na Grã-Bretanha. É um setor amplo que inclui os doentes e enfermos, mas uma porção substancial de pessoas ativas, com conhecimentos computacionais e relativamente afluentes. Mas mesmo eles não conseguem escapar do processo de envelhecimento e deverão experimentar problemas de mobilidade, com reduzida capacidade visual e tendo que viver solteiros. Com um serviço de saúde muito solicitado e pouco equipado, o cuidado com a saúde se deslocará para um autoatendimento em um ambiente doméstico onde a tecnologia pode ajudar. A ingestão da dieta pode ser monitorada por embalagens com microchips embutidos e a embalagem farmacêutica pode lembrar a pacientes quando sua próxima dose deverá ser administrada. A telemedicina vai um passo além, comunicando a condição do paciente e a medicação a ser utilizada ao seu clínico geral. Isso já foi testado utilizando-se telefones celulares para contatar o usuário do medicamento, que então tem que comunicar seu recebimento/ingestão. A falta de resposta alerta o médico quanto a problemas potenciais. O próximo passo é o de embutir este sistema em uma embalagem.

Pais separados são outro setor crescente que tem sua própria coleção de problemas. As crianças podem utilizar um sistema com equipamento/embalagem que prepare alimento nos micro-ondas sob supervisão. Informações dietéticas sobre produtos armazenados eletronicamente nas embalagens podem permitir verificar o alimento em função do regime alimentar da criança. Uma aproximação similar no setor de não consumo pode ajudar a estabelecer as ligações entre os líderes de mercado e a aplicação de tecnologia emergente. Aqui os líderes de mercado por si só não mostram mudanças dramáticas, mas seu significado é ampliado. Para aumentar seus lucros, os negócios devem reduzir seus custos, acompanhar problemas de segurança, resolver os fatores ambientais e aumentar a penetração no mercado, como sempre deveria acontecer. Porém, agora e no futuro a linha tênue entre faturamento e o lucro significa eficiência e é preponderante a todos os níveis de atividades de negócios.

Há e haverá uma necessidade crescente por inovação em produtos, controle ambiental da embalagem e manutenção da integridade do produto. A Tabela 12-2 indica algumas das novas tecnologias que podem ajudar.

Para examinar quão próximos estamos deste amplo cenário previsto, temos que entender as tecnologias. Muitas promovem possibilidades excitantes para o marketing e o design, mas são conduzidas especialmente por tecnólogos, por isso não são familiares a alguns designers de embalagem e seu potencial não é tão óbvio. Talvez seja tempo de colaboração entre os tecnólogos, designers e marqueteiros, para explorar todas as possibilidades, criativas e técnicas.

Tabela **12-2**
Materiais de embalagem não consumíveis

Motivadores do mercado	Significância	Área de resposta tecnológica	
Redução de custos	Eficiência de produção	Rastreamento	Controle de estoque
	Eficiência de distribuição	Rastreamento	Movimentos embalagem
	Eficiência de varejo	Rastreamento	Reestocagem
		Identific. produto	*Autochekout*
	Níveis de equipe	Robótica	
	Roubos	Etiquetagem	
Preocupações com segurança	Fraudes	Etiquetagem, rastreamento, tintas térmicas	
	Contaminação deliberada	Indicadores	
	Proteção de marca	Vários	
Integridade de produtos	Frescor e tempo de mercado	Indicadores	
	Danificação	Simulação de trânsito	
Compromissos ambientais	Segregação de material	Etiquetagem	Autoescolha
	Cálculo de energia	Etiquetagem	Milhas do produto
Fatia do Mercado	Inovação do produto	Autoaquecimento e resfriamento	
		Displays eletrônicos	
		Interativo	

Fonte: Pira International Ltd

Identificação por radiofrequência

A identificação por radiofrequência (RFID) está por perto, já há algum tempo, nos crachás de segurança e em sistemas de ferramental automatizado. As etiquetas RFID consistem em um microchip e uma antena e podem ser do tamanho de uma cabeça de alfinete. Elas armazenam informações que podem ser lidas por um *scanner* de radiofrequência, sem a necessidade de um contato visual; *scanners* óticos de código de barra têm que ter contato visual. Isso traz um benefício por permitir escaneamentos múltiplos e é a base para possibilitar que carrinhos de supermercados sejam escaneados remotamente, como uma unidade. A quantidade de informação armazenada por etiqueta é muito maior do que nos códigos de barra convencionais, permitindo a uma caixa de suco de laranja revelar sua identidade, preço, origem, data de enchimento, uso por data, além de outros dados necessários. Também pode ser parte de um sistema de segurança da loja, reduzindo a falta de estoque. No entanto, são as possibilidades interativas as mais interessantes na interface consumidor/embalagem.

A seleção de produtos etiquetados pode iniciar *displays* audiovisuais customizados que mostrem materiais promocionais e encorajem a compra ou promovam dados associados aos produtos. Suponha que coloquemos uma cópia do livro de cozinha de Jamie Oliver em nosso carrinho, um *display* pode nos apontar os ingredientes para um jantar e ofertas relevantes na loja. Este é um exemplo grosseiro do potencial da RFID, que sem implementação cuidadosa pode se tornar entediante e intrusiva. Certamente, em um ambiente de cozinha, uma nova geração de fornos de micro-ondas poderia identificar os produtos etiquetados e ajustar os ciclos de cozimento de acordo. Refrigeradores e freezers poderiam identificar seus conteúdos e advertir quando reestocar determinados produtos individuais.

Embora a tecnologia permita estes desenvolvimentos, eu não tenho encontrado nenhuma pesquisa de consumidor que investigue se estes cenários futuros são percebidos como tendo valor para consumidores reais. É certo que o ímpeto maior para adoção da RFDI virá da cadeia de produção, usando a tecnologia para reduzir custos. A Wal-Mart nos EUA indicava que seus 100 fornecedores principais instalassem em caixas e nos paletes as RFID até 2005, permitindo-se assim que elas os acompanhem durante todo o seu ciclo nas lojas. De acordo com Niemeyer et al. (2003) no McKinsey Quarterly, como resultado do aumento em eficiência no controle de inventário e no manejo, é prevista uma redução de pessoal nos depósitos de 3%. O mesmo artigo aponta que a RFID deve permitir aos centros de distribuição o manejo de mercadorias mistas com mais eficiência, mas somente se as etiquetas forem robustas, confiáveis e à prova de falsificação.

Muita atenção tem sido colocada no custo das etiquetas, já que alto custo impedirá a adoção das etiquetas em aplicações em embalagens. As etiquetas têm o custo típico de $ 1 cada uma, o que é muito caro para produtos domésticos premidos pelo preço. Com o custo baixando para $ 0,25 em 2003 e provavelmente caindo ainda mais, cresce a convicção de que as RFID possam ser uma possibilidade realística. O ponto deflagrador é de $ 0,05 por etiqueta.

Além do custo das etiquetas, há o investimento de capital em equipamento de rastreamento, e em infraestrutura de rede para acomodar o aumento do fluxo de dados. Estes também devem cair, permitindo à RFID atingir um maior espectro de usuários. Assim como na introdução de códigos de barra, a viabilidade comercial só é obtida quando uma alta proporção de produtos esteja etiquetada. O investimento de capital em equipamento para rastrear apenas alguns itens de alto preço será inicialmente difícil justificar. É como uma piada de trânsito na Grã-Bretanha, de se mudar o sentido de dirigir da esquerda para a direita – os caminhões primeiro. Parece que introduzir RFID na cadeia produtiva seria justificável pela maior eficiência, que se traduz em economia de custos mensuráveis, mas no caso de etiquetar as unidades de produtos, isso é menos claro. Será uma tarefa cara, mesmo que os custos da RFID caiam.

O mais significativo, no entusiasmo com a nova tecnologia, parece ser que os benefícios ao consumidor não estão ainda propriamente avaliados. Como os benefícios aparentes do etiquetamento RFID aumentarão essa experiência para os consumidores? Uma etiqueta unitária provavelmente não estará em uso antes de 2010, e nós estamos tratando com o consumidor do futuro. Se for simplesmente um código de barras superior, os consumidores não se engajarão. A codificação é simplesmente já adotada e tem pouco significado para o consumidor. Até aqui identificamos como os únicos benefícios ao consumidor:

- menores filas no *checkouts* de supermercados;
- embalagens que interagem com equipamentos domésticos;
- promoções ativas na loja.

É provável que os carrinhos de metal terão interferência com o escaneamento em radiofrequência, de forma que RFID deverá requerer outro material para o carrinho ou uma solução alternativa. Uma forma seria a de que os compradores pudessem pegar as mercadorias e embalá-las à medida que se movam dentro da loja. Sacolas cheias então seriam colocadas nas bandas transportadoras dos *checkouts* que incorporariam um *scanner* de RFID, totalizando a compra e debitando da conta dos compradores. Mas talvez a experiência na loja será pouco ampliada pela automação do *checkout* do que se empregarmos mais pessoal. Por volta de 2010 os supermercados terão mudado de acordo com as mudanças socioeconômicas e os estilos de vida. As lojas se tornarão 'vilas' onde a interação social será encorajada, particularmente para atrair a crescente população de terceira idade e de solteiros. Ser próximo deverá significar encontrar pessoas em vez de máquinas. Dessa forma, se queremos evitar filas, a compra pela internet provê a resposta.

Interatividade com refrigeradores e fogões tem um tom de alta tecnologia e pode oferecer uma conveniência real, mas até aqui há pouca evidência de ser um desejo do consumidor. O uso promocional requererá um manejo cuidadoso, porém pode oferecer os melhores resultados. A tecnologia sozinha provavelmente não cria possibilidades de mercado; necessita estar em sintonia com os desejos e expectativas do consumidor. Os designers devem avaliar o impacto da nova tecnologia desta ótica.

Indicadores de tempo-temperatura

Alguns produtos necessitam monitoramento por todo o ciclo de distribuição para saber se estão ou não expostos a variações de temperatura que possam afetar sua performance. Isso é feito utilizando os indicadores de tempo-temperatura (TTI). Aqui também temos dois cenários alimentícios e um cenário médico.

Em uma jornada longa de carro, o tráfego da autoestrada causa inevitáveis atrasos. Paramos em um posto de serviços para uma breve pausa. A área de atendimento do posto de gasolina oferece biscoitos e salgados de salsicha em um armário refrigerado. Com pouco tempo disponível, escolhemos os salgados de salsicha, sabendo que são frescos por um ponto verde na embalagem. Se o ponto estivesse vermelho, saberíamos que o produto esteve sujeito a temperatura alterada durante seu ciclo de distribuição. Isso poderia ser esforçado pelo código de barra, que se torna ilegível no *checkout* – pode desaparecer por completo – impedindo a venda. A marca com o selo verde recebe nosso endosso, já que acreditamos que ela está fazendo isso para proteger nosso bem-estar.

Um segundo cenário pode ser onde o alimento é comprado e o TTI é deflagrado pelo consumidor. O consumidor coloca a embalagem em um refrigerador, a embalagem calcula a vida útil do alimento e o rótulo muda de cor para indicar o grau de frescor do alimento. Aqui, novamente a marca cria um valor de consumo por adotar tecnologia que inspira confiança e frescor aos produtos.

Um terceiro cenário retira o consumidor da tomada de decisão. Um soro médico é produzido nos EUA e enviado para hospitais do globo. Sua vida de prateleira típica é de 24 horas, mas isso depende de temperatura. O soro é inútil após um grande tempo em temperaturas altas, talvez durante a transferência do aeroporto em um país quente. Apesar de ser embalado térmica e eficientemente na origem, as vidas dos pacientes dependem do soro chegar em boas condições dentro de seu período de vida útil em prateleira. Aqui um rótulo indica a história das mudanças de temperatura sobre uma linha de tempo e alerta o pessoal do aeroporto sobre a necessidade de ação imediata para prevenir o aviso do produto. Este mesmo rótulo ajuda o pessoal do hospital a ter confiança em utilizar o soro ou descartar uma entrega deteriorada. Esta é uma aplicação crítica em que o prazo de vida do produto ou vida de prateleira deve ser conhecido com precisão.

Agora há diversas empresas fornecendo sistemas de rótulos TTI utilizando as seguintes tecnologias básicas:

- Visitab utiliza reações de enzimas.
- LifeLines Fresh Check utiliza-se de polimerização química.
- 3M Monitor Mark utiliza difusão de tinta.
- KSW Microtec utiliza eletrônica.
- Biotett faz um biossensor híbrido.

Os três primeiros sistemas se valem de uma reação química para iniciar a mudança de cor; eles utilizam tecnologia bem estabelecida que monitora a temperatura com acerto de + 1 °C. Na verdade, o conceito é um relógio químico; a reação química se acelera à medida que a temperatura sobe e diminui assim que a temperatura diminui. O sistema da LifeLines se vale de etiquetas armazenadas em condições de baixa temperatura – 24 °C antes da aplicação; são deflagradas apenas pelo aumento da temperatura. Em contraste, o relógio de enzimas da Visitab é deflagrado mecanicamente por ruptura de um selo no rótulo que permite que a reação se inicie.

Os rótulos da KSW Microtec são sistemas ativos potenciados por uma bateria. A bateria é um elemento ultrafino (0,5 mm) que pode ser impresso em qualquer substrato e virtualmente em qualquer configuração. A empresa Power Paper, o fornecedor da bateria, licenciou sua tecnologia para a KSW para utilizá-lo em um esquema RFID de monitoramento de temperatura. Diferentemente dos sistemas químicos, estes Rótulos Inteligentes Ativos (SAL) podem registrar mudanças de temperaturas e determinar onde as mudanças ocorrem, assim como calcular os efeitos na vida de prateleira. Sistemas híbridos combinam reações químicas com circuitos eletrônicos passivos permitindo que se monitorem as variações de temperatura por um *scanner*. Eles operam em tempo real e têm a vantagem do monitoramento das condições por todo o ciclo de distribuição.

Controlar a história da temperatura de alimentos frescos ou congelados deve dar aos consumidores uma garantia de frescor e aos fornecedores um relato de cumprir com as regras de saúde e segurança. Se os consumidores apreciarão este benefício não é inteiramente certo, já que eles esperam que o alimento esteja em perfeitas condições. Ainda mais significativo é talvez, mas também fora da experiência do consumidor, a armazenagem e o transporte de drogas éticas dentro de seu espectro de temperatura.

Proteção à marca

Estabelecer e manter uma marca é a chave para o sucesso de muitas empresas e um componente crítico do design de embalagem. Porém, quanto mais sucesso tiver uma marca, mais ela atrai contrafacções. Isso é claramente ruim para o retorno do proprietário da marca, mas produtos fraudulentos podem também prejudicar a credibilidade da marca se sua qualidade for baixa. Varejistas ilegais em Knightsbridge, Londres, podem oferecer perfumes falsos em esquinas de ruas, o que já é ruim em si. Entretanto, outros podem estar falsificando produtos farmacêuticos, equipamento médico, peças automotivas ou aeronáuticas, e as consequências podem ser um risco à vida. A interface do consumidor com os produtos embalados é um ambiente de vendas controlado que não tem nenhuma relação com contrafacção ou fraude. Entende-se que a responsabilidade para prover produtos autênticos fica com o varejista, e que todos os produtos expostos são genuínos. O uso de um elemento patente que signifique que o produto é genuíno, como um selo holográfico, não tem impacto no consumidor. Clientes não têm conhecimento para distinguir falso de verdadeiro, mesmo que sejam motivados a tentar. Em termos de consumo, a proteção à marca não é uma questão; se as decisões de compra são feitas em um ambiente de confiança, não importa se as medidas de segurança são abertas ou encobertas.

Somente quando o ambiente muda para um mercado aberto, loja de desconto ou esquina de rua é que o interesse do consumidor em contrafacções se aguça. Aqui bens de marca com preços menores são suspeitos, não importa o quão próximos do original pareçam. Curiosamente, isso não previne sempre a compra, mesmo se a contrafacção for reconhecida, se o preço for adequado. Bloch et al. (1993) investigaram esse fato nos EUA, vendendo camisetas da mesma qualidade. A camiseta 1 tinha logo de designer e um alto preço, a camiseta 2 tinha um logo de designer mas com um preço menor, e a camiseta 3 tinha o mesmo preço da camiseta 2, mas sem o logo de designer. Mesmo reconhecendo a camiseta 2 como uma contrafacção, 38% dos entrevistados a compraram. Comparando as camisetas após a compra, os entrevistados consideraram a camiseta 2 de menor qualidade do que a camiseta 1, mas de melhor qualidade do que a camiseta 3. Embora reconhecendo a contrafacção como tal, os compradores preferiram a certeza de um logo falso à de nenhum. Os resultados podem ser totalmente diferentes se os bens forem uísque, remédios ou peças automotivas vitais.

A importação de painéis de carros e de peças de reposição falsas causou problemas consideráveis a fabricantes de automóveis, incluindo custosos e impopulares retornos e investigação de seguradoras. Revendedores franqueados foram acusados de comprar peças falsas e mais baratas em vez de peças de fabricantes originais. Um fabricante automotivo criou medidas de segurança sob a pintura primer das peças de reposição que permitem análise para auditoria de batidas e acidentes.

Existe um fluxo contínuo de tecnologias para proteger bens de marca embalados, mas a segurança significa que muitos de seus detalhes são mantidos secretos. Hologramas têm sido usados amplamente em aplicações de segurança, incluindo proteção de marca. Produtos de alto valor correm o maior risco de fraudes, como bebidas, CDs, peças de reposição de carros e cartuchos de tinta. Uma variedade de detalhes encoberta foi introduzida para ampliar a segurança ainda mais. Os itens encobertos são revelados apenas se vistos por meio de um filme ou tela especial em vez de um leitor ótico. No lugar de uma etiqueta separada, os hologramas podem ser embutidos ou gravados no produto – um poderoso método de segurança. Holografia aplicada foi desenvolvida com um fabricante de CDs que produz um CD holográfico.

Uma nova técnica inclui o DNA. Introduzindo um DNA específico em adesivos ou polímeros, um código de segurança único encoberto pode ser incorporado em uma série de aplicações. Um produtor australiano de vinho já está usando os rótulos com DNA.

Suscetíveis – condutância

A tecnologia dos materiais suscetíveis condutores (*susceptor technology*) utiliza metais que aquecem quando submetidos a micro-ondas. Áreas pintadas seletivamente dentro de uma embalagem, utilizando tintas metalizadas, criam fontes de calor localizadas que podem ser usadas para prover diferentes condições de cozimento dentro da mesma embalagem. Mesmo que não seja novo, talvez ainda não tenha sido totalmente explorado. A possibilidade de levar uma refeição congelada diretamente ao micro-ondas e então cozinhar as diferentes partes da refeição em medidas diferentes leva à última conveniência. Dessa forma, podemos descongelar suco de laranja enquanto reaquecemos bacon com ovos no mesmo espaço de tempo. Novos desenvolvimentos em tecnologia de filmes produziram filmes PET com películas metalizadas de alumínio, que podem ser aplicados em papelão, cartão ou usados como sacos de filme. As películas são produzidas em padrões específicos ou como uma microtela. Isso permite gratinar, grelhar ou tornar crocantes produtos no micro-ondas em vez de simplesmente aquecer a comida.

O mercado potencial para estes desenvolvimentos mostra a sua significância. O mercado para refeições prontas é uma área de grande crescimento com as vendas das refeições frias prontas excedendo 1,2 bilhão de libras, o dobro do valor de 1997 (Mintel 2002a). As vendas de refeições prontas congeladas também estão crescendo de sua base de cerca 772 milhões de libras em 2002 com a criação de cardápios mais atraentes. No setor de refeições congeladas, isso marca uma movimentação dos vegetais congelados para refeições elaboradas. As refeições prontas estão se tornando um setor de produtos para consumidores e eles, neste momento, estão no setor de maior crescimento dentro dos supermercados.

Uma pesquisa Mintel com 25.000 adultos (Mintel 2002b) constatou que a penetração de todos os tipos de refeições prontas teve um incremento de 58,1% em 1997 a 75% em 2001. O relatório também indicou que mulheres são importantes para esse mercado. Elas não são apenas as principais compradoras na casa, são agora 45% da força de trabalho, o que significa que têm responsabilidades familiares e profissionais. A facilidade de cozinhar refeições prontas, particularmente no micro-ondas (por motivos de segurança), encoraja as crianças a preparar as refeições sozinhas. O relatório destacou as refeições fragmentadas como uma tendência contínua. Com os membros da família comendo em tempos diferentes, compradores podem preferir selecionar refeições prontas para atender a paladares individuais e não preparar uma refeição tradicional para todos. Finalmente, o relatório sugere que decisões de compra não estão mais baseadas na conveniência; a conveniência é agora aceita como norma. Preço, sabor, qualidade e produto inovador ou design de embalagem são fatores mais decisivos em selecionar produtos.

A tecnologia da condutância suscetível irá desempenhar um papel importante neste mercado, indo de alguma forma em direção a melhorar a preparação de alimentos, a apresentação e a qualidade geral do produto. Em conjunção com outros desenvolvimentos em tecnologia de filmes (veja a seguir), está preparada para o mercado em expansão das refeições prontas, em conjunto com novos e inovadores conceitos.

Filmes inteligentes

Os fabricantes de materiais de filmes demonstraram interesse generalizado em responder a demandas do mercado de refeições prontas. Desenvolvimentos recentes incluem filtragem de gás e filmes respiráveis e a incorporação de válvulas de ventilação para liberar vapor durante o cozimento. O setor de mercado fresco e refrigerado inclui peixe, carne e vegetais que requerem vapor. O Vapor do Sonho, desenvolvido por Wipf da Suíça, consiste de uma bandeja de polipropileno e tampa de filme, equipada com uma válvula one-way. O aspargo embalado desta forma pode ser colocado diretamente no micro-ondas e a umidade contida no produto cria um cozimento pressurizado no vapor na embalagem. A pressão interna será liberada por uma válvula assim que uma determinada pressão for atingida.

O setor de refeições prontas está tendo uma recuperação após ter ficado para trás, fundamentalmente após uma oferta de produtos desenfreada. Com pouca ou nenhuma necessidade de incorporar preservadores nos alimentos, o setor tem alguns benefícios para uma alimentação saudável. Tecnicamente, o cozimento de congelados tem frequentemente se provado difícil para produtos que absorvem umidade. Produtos baseados em pão ou pizza requerem que a embalagem seja removida antes do cozimento para prevenir os componentes do pão de se tornarem borrachudos. Usando-se um filme multicamadas, produtos de pão podem ser cozidos no micro-ondas na embalagem. O filme inclui uma camada suscetível para prover calor e gratinar e uma lâmina de celulose para controlar umidade.

A situação invertida pode se aplicar a refeições prontas frias em que a umidade deve ser retida para o cozimento. Refeições prontas frias representam a maior proporção do setor de mercado de conveniência de alimentos, os desenvolvimentos nesta área são particularmente significantes. Um filme de celulose semipermeável controla a permeabilidade da umidade, permitindo o produto cozinhar sem ficar seco.

Autoaquecíveis e autorresfriáveis

Embalagem autoaquecível existiu por muitos anos para prover comida quente instantânea em condições externas para os militares, equipes de emergência e outros envolvidos em atividades externas. A tecnologia é simples, utilizando o calor de uma reação entre água e dióxido de cálcio ou outros elementos químicos para aquecer comida pré-pronta. Embalagens autoaquecíveis para os militares americanos se compõem de uma caixa externa que contém a refeição pré-cozida pasteurizada e um sachê de uma substância química anidra. O usuário abre o sachê e adiciona uma medida específica de água, recolocando o sachê ativado de volta na caixa de cartão sob a bandeja com o alimento. O alimento é aquecido em 5-10 minutos. Durante o processo de aquecimento, vapor é produzido e é liberado da embalagem junto com um odor um tanto curioso. Este é um sistema rústico que necessita ser modificado para se tornar aceitável para o consumidor dos centros urbanos.O café autoaquecível da Nestlé, utilizando a química do dióxido de cálcio/água oferece uma solução melhor, mas sofre por o mecanismo de autoaquecimento ocupar muito volume.

Uma tecnologia diferente produz produtos autorresfriáveis. Aqui o elemento resfriável consiste em um gel à base de água, do qual a água é extraída utilizando-se vácuo, e com isso baixando a temperatura. Este sistema é usado no Japão, onde latas de bebidas autorresfriáveis podem ser compradas de unidades de autoatendimento, dispensando a refrigeração das unidades em si. Ainda se passará um tempo até que possamos ver um empregado de escritório entrar na Marks & Spencer para comprar uma refeição autoaquecível e uma bebida autorresfriável. Até que a tecnologia se aperfeiçoe e o descarte passe a ser ambientalmente adequado, estes tipos de produtos serão confinados a usuários especialistas.

Nanotecnologia

Um artigo no site da *Scientific American* começa com: "A próxima grande coisa será muito, muito pequena" (www.sciam.com, "Nanotecnologia: Não é fácil ser Verde", em 28 de julho de 2003). Nanotecnologia é mesmo sobre coisas pequenas – um nanômetro é um bilionésimo de metro – e investiga como manipular matéria a partir de algumas moléculas até muitos mícrons (10^{-6}m). Aplicações em embalagens podem usar a nanotecnologia para modificar materiais de forma que tenham mais resistência e uma performance melhorada de barreira. Alguns nanocompostos têm a mesma resistência do aço.

Papel eletrônico

A habilidade de incluir circuitos eletrônicos e baterias impressas sobre materiais finos está produzindo um novo espectro de efeitos, incluindo mudanças de cor e *displays* óticos. Uma aplicação é material de ponto de venda onde o *display* pode mostrar imagens variadas.

Cuidados

Embora muitos estejam ficando excitados com estes novos desenvolvimentos, a preocupação também está presente. A rotulagem RFID pode adicionar novos contaminantes ao fluxo de descarte. O efeito ambiental dos rótulos, particularmente os rótulos ativos, incorporando baterias impressas, ainda não foi avaliado. O descarte das baterias é sujeito à legislação da União Europeia, mas as microbaterias ainda não estão cobertas. Consequentemente, o descarte pode se tornar a pedra na qual a introdução do RFID pode tropeçar.

Problemas ambientais podem impedir os suscetíveis metálicos – eles são difíceis de separar de outros componentes de embalagem – assim como filmes holográficos, TTIs e tintas termocrômicas. Não há certeza, mas parece provável que a legislação ambiental limitará ou retardará seu potencial futuro.

Os efeitos da nanotecnologia na saúde humana, no ambiente e na saúde animal ainda têm que ser avaliados. O debate acadêmico já começou nos EUA e alguns alarmes já soaram após o teste de materiais de nanotubo de carbono em ratos e cobaias. Os estudos indicam toxicidade causando a morte nos espécimes por meio de partículas 'permanecendo juntas' no pulmão. Grupos como o Green Peace, Gene Watch da GB e o Action Group on Erosion, Technology and Concentration já expressaram suas preocupações apresentando representações ante o Parlamento Europeu. Qualquer que seja o resultado do debate, o desenvolvimento da nanotecnologia pode ser mutilada se houver um protesto público similar aos outros sobre colheitas de plantas geneticamente modificadas.

Retornando aos rótulos RFID, há uma preocupação de que a rotulagem ao nível de itens poderá se dar em uma ruptura das liberdades civis. De acordo com Pira International (Active and Intelligent Pack News, Vol. 2, N° 2, 28 de novembro de 2003), as organizações civis americanas e europeias identificaram cinco ameaças à privacidade e às liberdades civis:

- a colocação escondida dos rótulos;
- identificadores únicos para objetos de todo mundo;
- agregação maciça de dados;
- leitores ocultos;
- acompanhamento e lucro individual.

Isso pode aumentar a lentidão da introdução dos rótulos em itens, mas provavelmente não afetará os rótulos em outras fases da cadeia de distribuição – só o tempo dirá. Quanto a embalagens falantes, fico imaginando o que elas dirão, em que língua e com que sotaque. Se for a mesma voz americana usada pelo Mac quando com problemas, podemos nos desesperar. Por outro lado, pode ser engraçado, um toque de alívio.

13

design estratégico de embalagem: **o futuro**

A abordagem estratégica

Este livro enfatizou a ideia da estratégia. O design de embalagem não deve apenas se dirigir a estruturas físicas ou gráficas, deve derivar da compreensão das tendências de mercado e das expectativas do consumidor mediadas pelo conhecimento de oportunidades e restrições técnicas. É um processo holístico que combina habilidades criativas, técnicas e analíticas e envolve um diálogo com outras disciplinas. Tudo isso foi discutido de forma plena nos capítulos anteriores, mas como mudará no futuro?

O design de embalagem é considerado uma área especializada, dividida em disciplinas técnicas e gráficas. A maioria das consultorias em design provê um serviço que inclui ambas as disciplinas e muitas incluem o design de embalagem, entre outros serviços. Outros serviços são tipicamente o branding e a identidade corporativa. Diversas tendências emergentes de fontes distintas mas relacionadas sugerem como os serviços de design serão estruturados no futuro. Design, especificamente design gráfico, é um meio de comunicação. Embalagem é apenas um dos aspectos disso; comunica-se diretamente com o consumidor. A publicidade leva a comunicação a outro nível; descompromissada das restrições das embalagens, se concentra apenas na mensagem. Ainda assim, há paralelos próximos entre embalagem e publicidade: possuem objetivos de comunicação similares e dividem uma base de habilidades similares. Design em ambos os campos está cada vez mais dividindo estas habilidades por um espectro que vai da impressão, passa pelo design do website, até a multimídia. A convergência de tecnologia está acontecendo, mas também uma convergência de habilidades.

Um escritório de design com um portfólio de gráfica, branding e embalagem provavelmente oferecerá o serviço de website design. Brochuras, bases previamente impressas, expandem para incluir DVDs e mídia interativa. Na ponta do negócio do cliente, empresas de produção e de serviços querem cada vez mais designers. Os clientes ainda estão solicitando identidade corporativa, embalagem e literatura de vendas, mas também necessitam de web design e talvez de um DVD interativo para treinamento. Assim como os supermercados estão ampliando sua oferta de produtos, os escritórios de design provavelmente ampliarão sua oferta de serviços. O impulso se origina dos clientes esperando por uma loja completa com todos os requisitos de design e grupos de design, identificando convergência de tecnologias de comunicação à base de competências que lhes dão suporte.

Embora essa expansão de mídia esteja acontecendo dentro do negócio de design estabelecido, antecipa-se que novos talentos serão atraídos especialmente das artes. A Britart, como um dos vencedores do prêmio Turner demonstra, não está confinada à mídia tradicional. Animação, file e multimídia já são parte integral da arte na Grã-Bretanha. Nós temos uma nova geração de artistas que são tão familiarizados com Photoshop quanto com o pincel. As ferramentas do design são também as ferramentas das artes, mas talvez sempre tenham sido. A revolução digital, entretanto, incorporou designers, artistas e publicitários e os beneficiou com habilidades complementares, se não iguais.

A esta mistura criativa não homogênea podemos adicionar autoria técnica e design de produtos. Autores técnicos frequentemente são empregados ao final do projeto para escrever textos instrucionais. Você provavelmente deve estar familiarizado com folhetos de instrução que vêm com novos produtos. Tendo encontrado seu próprio idioma de uma dúzia, você pode ler como utilizar a máquina, objeto ou software. Se isso vale a pena ou não, depende de como o texto foi escrito ou mesmo traduzido; pode também depender da qualidade dos diagramas ou ilustrações. Autores técnicos são normalmente envolvidos proximamente ao final do projeto, perto do lançamento, e isso é a perda de uma oportunidade. Se fossem empregados logo no início, poderiam influenciar o design no sentido de ajudar a eliminar as necessidades de instruções. O produto deve ser intuitivo e não obscuro. Um iMac vem com uma folha ilustrada de instruções, detalhando os procedimentos:

1. Coloque o computador em uma mesa; desdobre os pés;
2. Ligue o cabo de força;
3. Ligue o cabo do teclado;
4. Ligue o cabo do mouse;
5. Se desejado, conecte uma linha telefônica ao modem;
6. Ligue o computador.

É uma operação muito simples de ligue e use. Com muitos produtos, particularmente com software, o texto das instruções é frequentemente confuso no mínimo, indecifrável no máximo. Uma mensagem na tela avisando que está acontecendo o erro 101 geralmente é sem sentido. De forma similar com produtos multimodais, as características são inacessíveis por causa da complexidade das instruções e do entendimento pobre da interface. Estes problemas são reconhecidos amplamente, mas pouco resolvidos. O aumento previsto da população mais velha que deverá ser menos capaz mas menos tolerante a produtos desenhados pobremente sugere que em breve haverá maior envolvimento de autores técnicos durante o desenvolvimento de produtos.

Ninguém está seguro se os escritórios adicionarão design de produtos a seu portfólio de serviços; os argumentos a favor e contra ainda estão em discussão. Em alguns casos onde a embalagem e produtos são integrados, como uma embalagem *dispenser* de pílulas, há lógica em combinar estas disciplinas, o que pode ser problemático na prática. Embora os processos de design sejam similares na maioria dos casos, os métodos de trabalho são substancialmente diferentes. Design de produtos tem uma base de engenharia e provavelmente isso o diferencia das outras áreas de design. A grande maioria do design de produtos é feito em PCs e não em MACs, utilizando softwares, como ProEngineer. Efetivamente, isso cria uma 'linguagem' que é estrangeira aos envolvidos com embalagem e design gráfico, e certamente um mundo à parte da publicidade. A manipulação intuitiva do software de design gráfico contrasta com a manipulação analítica do software de engenharia, o que promove critérios diferentes de tomada de decisões. Adicionalmente, o processo de design de produtos trabalha em um escala de tempo maior do que a do design gráfico e do design de embalagem. Estas diferenças aparentemente menores criam designers com temperamentos diferentes, poucos dividem suas experiências, ainda que ambos sejam criativos e apreciem questões de design incluídas em um espectro que inclui ambas as áreas. Sim, isso é uma generalização, mas em muitas ocasiões algo parece romper a sinergia entre designers de produto e designers de embalagem.

No futuro, o design de embalagem pode ser parte de uma organização de comunicação criativa integrada e de multitalentos que combinará publicidade e design apimentado por novos talentos vindos das artes. Mas, pelo menos no momento, considere o design de produtos como uma especialidade separada.

Os motivadores do futuro

É impossível ter certeza sobre o futuro, mas alguns de seus motivadores de mudança já estão conosco e podemos ter algum *insight* de até onde eles nos levarão por volta de 2015.

Novas tecnologias estão por trás de muitas mudanças, mas consumidores podem não ficar tão entusiasmados como os designers profissionais ou os marqueteiros. Tecnologia pode ser muito séria, mas mesmo tecnologia séria pode nos apelar mais fortemente para seu uso por meio do prazer. A tecnologia móvel dos celulares é impressionante, mas, para muitos, mandar uma mensagem de texto, capturar um movimento embaraçoso com a câmera ou telefonar para casa de uma loja são as formas escolhidas para usá-la. O voo histórico dos irmãos Wright foi um feito impressionante da tecnologia; foi importante para os aviões e jatos que nos transportam em volta do globo para férias baratas. A tecnologia, não importa quão extraordinária, se torna incidental para o resultado final. Parece que cuidamos de nossas experiências e simplesmente aceitamos a tecnologia por trás dos meios para obtê-la. Olhar para o futuro diz mais sobre interação social do que habilitar a tecnologia, assim, deixe-nos considerar a interação social.

A preocupação ambiental

A preocupação ambiental e a legislação que implementa a ação deverão ter um papel fundamental na forma como desenharemos e usaremos a embalagem. Isso está tendo um impacto na Grã-Bretanha, embora ela esteja muito atrás da maioria dos países da Europa no engajamento com estas questões. Em vez de um desejo genuíno de proteger o ambiente, a indústria de varejo e embalagens e governo aparentam mostrar por baixo do pano uma complacência forçada com a legislação. Pode ser que o foco de atenção aqui seja na submissão à lei, problemas operacionais e as implicações financeiras envolvidas e não o objetivo geral de melhorar a qualidade de vida de agora e das gerações futuras. Desligada da consideração do consumidor, há ganhos ambientais substanciais sendo conseguidos, muitas vezes por puro ganho econômico e não por princípios verdes altruístas. Mesmo que o motivo para estes ganhos não importar no desempenho em curto prazo, é crucial em longo prazo. Estamos começando a aprender, em zonas de guerra, que ganhar as cabeças e os corações são o fator mais importante para conseguir a estabilidade. A supressão pela força simplesmente encoraja a resistência e constrói ressentimentos. A batalha ambiental será ganha de forma similar.

Por volta de 2015 o setor de geração de renda da sociedade britânica será menor, porém mais ambientalmente consciente do que o setor numericamente maior dos aposentados. Para atingir esta audiência que ganha salário e gasta dinheiro, as empresas fabricantes terão que atender suas preocupações ambientais. É evidente que a motivação do consumidor nas questões ambientais excede as respostas dos negócios ou do governo. O público na Grã-Bretanha se recusou a comprar produtos geneticamente modificados, a despeito do suporte do governo para sua introdução. Os varejistas que desistiram dos produtos geneticamente modificados se beneficiaram com o aumento de vendas. O aumento do consumo de produtos orgânicos, apesar de um início instável e um nível de preço mais alto, mostrou novamente que a escolha do consumidor é o motor do mercado. É provável que o desejo latente do consumidor para uma resposta ambiental melhorada terá um impacto similar no ambiente de varejo. Designers de embalagem e profissionais de marketing devem estar conscientes de que essas questões serão significantes e elas requerem uma estratégia imaginativa em vez de uma reação automática à legislação.

O consumidor dividido

O Capítulo 5 delineou algumas das mudanças previstas por tendências demográficas e sociais. Estas tendências sugerem uma polarização do povo em muitas formas diferentes. Em termos de renda disponível, o abismo entre ricos e pobres deve crescer. A divisão social, ligada muito proximamente à renda, entre os que vivem nos subúrbios ou em condições executivas urbanas e aqueles em habitações sem recursos mostra poucos sinais de diminuição. Há um perigo de continuar a se movimentar na direção de situações em que teremos os guetos para os ricos e os pobres, com uma possibilidade reduzida de um movimento social entre eles.

Muito design de embalagem se destina a necessidades e desejos dos afluentes. Menor atenção se dá àqueles originários de uma área em decadência e de renda restrita. As áreas mais pobres sofrem de uma falta de escolha em escolas, instalações recreativas, transporte eficiente, oportunidades de trabalho local e lojas. É pouco surpreendente que o crime pequeno, a vadiagem e o comportamento antissocial encontrem um terreno fértil em uma área tão abandonada e desgastada social e financeiramente. É nessas situações que problemas de saúde são particularmente prevalecentes por meio do pouco controle dietético da ingestão de alimentos e de um estilo de vida sedentário. Relatórios do governo e do BMA expressam preocupação pelo bem-estar futuro das crianças em desenvolvimento neste ambiente. Um projeto recente conduzido por escolas de áreas em degradação em South Yorkshire descobriu que muitas crianças de idade escolar fundamental não sabem distinguir ou identificar frutas comuns e vegetais. Elas têm pouco conhecimento da origem do alimento ou de seu preparo. Lojas na área têm estoque muito limitado de produtos frescos por causa de uma demanda limitada e, de qualquer forma, não poderiam oferecer preços competitivos, já que suas encomendas pequenas lhes dão um poder de compra limitado. Produtos frescos muitas vezes deterioram na prateleira. Isso não apenas é um problema regional; reflete condições em muitas áreas da Grã-Bretanha.

A comunidade do design frequentemente clama que a embalagem amplia a escolha, mas para certos setores da sociedade esta escolha simplesmente não está disponível. É fácil se desfazer disso dizendo não ser responsabilidade dos designers, deixando o governo, a educação ou a comunidade achar uma solução. O mesmo se pode dizer do marketing. Por que se direcionar para uma população com pouco dinheiro e com poucas noções de saúde? Tentar construir uma sociedade melhor e mais justa parece ser uma tarefa meio grandiosa e altruísta demais para os designers. Ainda assim, como participantes ativos em promover produtos embalados, os designers têm alguma responsabilidade pelas ações do público. E mesmo que não possamos resolver todos os problemas sociais ou de saúde, há algumas medidas positivas que podem trazer alguma ajuda. O "Focus on Food Campaign" (Campanha Foco no Alimento) da Royal Society for the Encouragement of Arts, Manufacturers and Commerce (RSA) envolve designers, da rede Waitrose, de profissionais de educação, e da Food Standards Agency, FSA (Agência de Padrões de Alimentos). O seu objetivo é fortalecer o status da educação alimentar em escolas primarias e secundárias, pela provisão de materiais de ensino e aprendizado desenhados para enfatizar a importância do alimento e seu papel cultural em nossa sociedade multicultural. Os materiais de ensino identificam quatro áreas relacionadas: lojas e compras, saúde e nutrição, rituais e celebrações e refeições fora. Como parte deste programa, dois ônibus transformados, contendo cozinhas equipadas e completas, visitam as escolas promovendo uma educação interativa entre alunos e docentes.

Como uma estratégia futura, podemos ver a necessidade de se engajar com este tipo de iniciativa que poderemos chamar de literalidade alimentar, que incluirá explicações sobre as funções técnicas e promocionais da embalagem.

O ambiente de compras e as compras domésticas

Pode parecer que há contradições entre o varejo convencional e o *home shoping*, o comprar em casa, onde um é a fórmula vencedora e o outro está fadado ao desaparecimento. É pouco provável que isso aconteça, mas ambos têm que encarar os novos desafios nos próximos 10 anos.

Todas as maiores empresas de varejo têm um negócio de varejo baseado na internet, embora seus métodos de operação possam variar. Destas, a Tesco tem sido a mais lucrativa, alcançando 5% de lucro operacional e um resultado anual de 350 milhões de libras. Mas o varejo na internet é um grande nivelador, permitindo o acesso a empresas menores e mais especializadas. Ocado, a iniciativa da rede Waitrose, tem popularidade no sul da Inglaterra por meio de produtos de qualidade, enquanto os maiores varejistas têm sido acusados de distribuir vegetais e frutas de pior qualidade. Empresas, como o Leaping Salmon e a Wiltshire Farm Foods, puderam explorar nichos de mercado com seus serviços na internet. Está ficando claro que a conveniência do comprar em casa não é suficiente, por si só. A qualidade dos produtos e a experiência apreciada pelo consumidor são elementos vitais em um programa de varejo de sucesso.

Algumas pessoas acreditam que vender na tela em vez de na prateleira retirará a necessidade da embalagem como fator de vendas. Em um sentido estritamente prático, isso pode ser verdade se a venda for feita, no mínimo, com uma pequena vista na tela da embalagem. Ainda assim a venda remota implica confiança. Ao colocar um pedido, o consumidor está confiando em que o varejista entregará produtos genuínos. Ele simplesmente remove a parte física de colocar os produtos em um carrinho. Não esperamos que os nossos sucrilhos sejam entregues em uma caixa branca com uma etiqueta de identificação. A experiência do consumidor é a de que ele receberá exatamente o que escolheria, mas sem a pressa. Nós ainda amamos e confiamos em nossas marcas, e isso reforça a necessidade de serem mantidas, mesmo na compra remota. É a experiência total do comprar em casa que será aplicada no futuro, fazendo que sejamos clientes valiosos e especiais. Abrir contêineres adiciona a nossa experiência de consumo, especialmente se houver um presente surpresa especial como ganho por ter usado o serviço. A experiência total do consumidor e as oportunidades promocionais que ela possa trazer, essas serão o foco do comprar em casa nos próximos 10 anos.

O layout dos supermercados além de sua oferta total começou a mudar. Pizzas assadas frescas, balcões de delicatesse, frangos assados, uma maior oferta de produtos, roupas, serviços e outras inovações foram incorporadas. 'Lojas dentro das lojas' foram incorporadas onde outras empresas se estruturaram dentro de lojas múltiplas. Restaurantes, cafés, lavagem a seco e serviços fotográficos são atividades periféricas em muitas lojas. Os varejistas desenvolveram uma gama de tamanhos de lojas e locais desde beira de rua até hipermercados e exploraram o uso de postos de gasolina como minimercados. Há pouca dúvida de que o futuro deve ver maior diversificação em tipos de locais e na variedade de produtos oferecidos. A venda de carros há tempos está na pauta, mas deve em breve ser uma realidade. Academias, serviços de viagem, mobiliário e provisão de utilidades são ramos que se mostrarão. Uma loja Asda no norte da Inglaterra incorpora um cartório e, sim, você pode se casar em uma loja. Os grandes grupos de varejo, com seu grande poder de negociação, tentarão prover um serviço 'do berço à sepultura' para todas as nossas necessidades. O maior problema será persuadir o consumidor ao cruzar a porta e manter a sua lealdade assim que entrar. Para conseguir isso, será preciso fazer mais do que apenas oferecer uma maior gama de serviços e produtos. O passear cansativo entre as gôndolas deverá ser repensado. O interesse deverá ser adicionado aos layouts das lojas. O impacto na embalagem será o uso maior de *displays* autônomos, preenchidos pelo fornecedor. Áreas de especialização deverão também expandir para criar uma espécie de "grupos de vilas" dentro das lojas.

Comunicação

As disciplinas de design devem convergir, assim como as comunicações. Televisão doméstica deve mudar seu papel de um provedor passivo de entretenimento veiculado para uma fonte interativa de informação. Isso incluirá seleção de programas de interesse específico, filmes encomendados, participação em pesquisas sérias e programas triviais, além de uma expansão de serviços on-line como bancos, material educacional e comprar em casa. Um prejudicado com o aumento de controle na programação pode ser a publicidade. As maiores marcas gastam pesado na publicidade de sua linha de produtos e promoção da marca, muito da qual pela televisão. Com o aumento da penetração da TV digital e à medida que a tecnologia fica mais sofisticada, os espectadores poderão filtrar as propagandas. Não está ainda claro qual será a resposta. A colocação dos produtos na programação é uma solução potencial, o espectador terá a opção de selecionar o produto na tela e subsequentemente receber os detalhes dos produtos por meio de um link na internet. O patrocínio do programa é outra alternativa que poderá crescer. Como muitas propagandas são mais interessantes que certos programas, talvez elas não devam desaparecer, apesar de tudo.

Pesquisa de mercado

A televisão interativa permitirá também o uso da pesquisa de mercado on-line. A Future Foundation (www.futurefoundation.net) já testou esta técnica com algum sucesso, mas devemos esperar um uso mais expressivo da TV digital durante o aumento de sua cobertura. Grupos de foco poderão se reunir em um ambiente virtual que possibilite o exame de propostas de design, permitindo que sejam expostas, rodadas e manipuladas pelos respondentes. Os benefícios devem incluir um tempo mais rápido de inserção no mercado para novos produtos e embalagens, economia de custos nos programas de pesquisa de mercado e o acesso instantâneo a grupos de consumidores regionais, nacionais e internacionais.

Design de embalagem

Nós antecipamos que o futuro para o design de embalagem deve permanecer flutuante enquanto a competitividade entre as marcas se fortalece e novos produtos são introduzidos para atender a pequenos nichos de mercado. Entretanto, haverá menos jogadores no campo, por causa da consolidação de varejistas e donos de marcas, e isso pode colocar pressão nos escritórios de design. Em resposta, devemos também ver a consolidação, particularmente entre as agências de publicidade e os escritórios de design, originando um maior e mais amplo portfólio de atividades. A inovação de design deve continuar a ser importante e veremos isso entre os produtos de marcas próprias. Novos materiais e processos proverão novas oportunidades para embalagens inovadoras.

As empresas de sucesso necessitarão ter uma estratégia de embalagem que aumente suas outras atividades e que considere as mudanças de mercado, as visões dos profissionais em outras disciplinas e as restrições impostas por custos, processos e materiais. Designers podem suprir a tendência, mas podem ser limitados a praticar sob as considerações ambientais. Um programa de design de embalagem pode dar o melhor resultado – a embalagem certa, no preço certo e para o público certo.

referências

Alan Pipes. *Production for Graphic Designers*. 2. ed. Laurence King, 1997.

Alex Niemeyer, Minsok H. Park e Sanjay, E. Ramaswamy. "Smart Tags for Your Suplly Chain". *McKinsey Quarterly*, online journal, p. 1-3, último acesso em 28 out. 2003, em: www.mcKinseyquarterly.com.

Andrew Seth e Geoffrey Randall. *The Grocers*. Kogan Page, 1999.

Bob Gordon e Maggie Gordon (eds.). *Digital Graphic Design*. Thames & Hudson, 2002.

British Medical Association. *Adolescent Health*, 8 dez. 2003.

Charlotte Fiell e Peter Fiell. *Designs of the 20th Century*. Taschen, 1999.

Defra. "Key Facts about Waste and Recycling". http://www.defra.gov.uk/environment/statistics/waste/index.htm (acessado em 27 out. 2003).

DETR. *Waste Strategy 2000 for England and Wales*. The Stationery Office, 2000.

Edward Goodwin e Richard Hartshorn. *Opening Up: Packaging That Can Be Opened by Everyone*. Design Council and Helen Hamlyn Research Centre, 2002.

Ellen Lupton e Abbott Miller. *Design Writing Research*. 2. ed. Phaidon, 1996.

Food Standards Agency. *National Diet and Nutrition Survey: Young People Aged 4-18 Years*. The Stationery Office, 2000.

HMSO, Statutory Instrument 1977 n. 648, The Producer Responsibility Obligations (Packaging Waste) Regulations 1977, The Stationery Office, 1997.

HMSO, Statutory Instrument 1999 n. 3447, The Producer Responsibility Obligations (Packaging Waste) (Amendment) (n. 2). Regulations 1999, The Stationery Office, 1999.

HMSO, Statutory Instrument 2002 n. 732, The Producer Responsibility Obligations (Packaging Waste) (Amendment) (England). Regulations 2002, The Stationery Office, 2002.

HMSO, Statutory Instrument 2003 n. 1941, The Packaging (Essential Requirements). Regulations 2003, The Stationery Office, 2003.

John Berger. *Ways of Seeing*. Penguin, 1972.

John Forsyth, Sunil Gupta, Sudeep Haldar, Anil Kaul e Keith Kettle. "A Segmentation You Can Act On". *McKinsey Quarterly*, online journal, p. 6-15, último acesso em 25 out. 1999, em: www.mcKinseyquarterly.com.

John Grant. *The New Marketing Manifesto*. Texere, 1999.

M. Hulme, G.J. Jenkins, X. Lu, JR Turnpenny, T.D. Mitchell, R.G. Jones, J.M. Murphy, D. Hassell, P. Boorman, R. McDonald, S. Hill. *Climate Change Scenarios for the UK: The UKCIPO2 Scientific Report.* Tyndall Centre, University of East Anglia, 2002.

Mintel. 2010: *Marketing to Tomorrow's Consumer.* Mintel International, 1998.

Mintel. *The Diy Consumer.* Mintel International, 2000.

Mintel. *Marketing to Singles.* Mintel International, 2001a.

Mintel. *Third Age – UK.* Mintel International, 2001b.

Mintel. *Chilled Ready Meals.* Mintel International, 2002a.

Mintel. *Frozen Ready Meals.* Mintel International, 2002b.

Naomi Klein. *No Logo*. Flamingo, 2000.

P. Bloch, R. Bush e L. Campbell. "Consumer Accomplices in Product Counterfeiting". *Journal of Consumer Marketing*, v. 10.4, 1993, p. 27-36.

Rita Clifton. "Selling the Soft and Fuzzy Stuff". *The Guardian*, 1º nov. 2003.

Sara Manuelli. "Pay Day". *Design Week*, 23 out. 2003.

Stefano Marzano. "Branding = Distinctive Authenticity". In: Jane Pavit (ed.), *Brand New*. V&A Publications, 2000, p. 58-59.

Stephanie Coyles e Timothy C. Gokey. "Customer Retention Is Not Enough". *Mckinsey Quarterly*, online journal, último acesso em 29 out. 2002, em: *www.mcKinseyquarterly.com.*

T.J. Lobstein, W.P.T. James e T.J. Cole. "Increasing Levels of Excess Weight among Children in England". *International Journal of Obesity*, v. 27, set. 2003, p. 1136-1138.

The Henley Centre. *Report on Trust and Media*. The Henley Centre, 2002, section 1, p. 4.

Walter Soroka. *Fundamentals of Packaging Technology*. Institute of Packaging, 1996.